電気工事士のための
起業成功への道

―登録，許認可の活用法―

小竹 一臣

●はじめに●

　大都会の煌く摩天楼を織りなす，息を飲むような美しい高層ビルやマンションの無数の灯り，高速道路の街灯，空港の滑走路，工場群など私達の生活には水や空気と等しく，電気がない暮らしはもはや想像すら及ばない．そこにあるひとつひとつの灯りには，明るく世を照らすべく生まれた匠の技術が時代とともに受け継がれ「電気という生活に不可欠なインフラを支える使命感」を今も静かに絶えず燃やしている．それこそが電気工事士の夢舞台であり，確かな誇りといえよう．

　しかし，建物に関する電気工事は感電や火災を引き起こすリスクも孕んでおり，事業者への工事，検査，保守に至るまでの責任は重大である．そのため，電気工事に関する法令も電気事業法を中心に工事内容や関係する資格や使用材料など詳細に定められている．

　この本は，日頃より登録電気工事業や建設業の電気工事業許可申請そして官公庁への競争入札参加資格申請において数多くの手続業務を代理申請してきた専門行政書士から洞察した電気工事士の実務での世界，さらに起業家として成功するための指南書でもあり，これまでの電気工事士に関して著わされた書籍とはある種異質なるものかも知れない．

　しかし，電気工事の世界の重層構造的な常識を超えて実際に民間や公共から切れ目なく電気工事あるいは周辺の通信工事，消防施設工事などクライアントの要望に応じて元請となり，業績を拡大し続けている電気工事業者を育成してきた実務家の視点からも，これからの電気工事士にとって，未知なる成功への視界がここから開けてゆくのかも知れない．

　本書を手に取って頂いた皆様の成功の一助となれば望外の極みである．

　　電気工事士受験者そして起業を志す電気工事士へ
　　　～その挑戦心に光を照らせ‼～

　　　　　　　　　　2018 年 4 月　　著者　小竹　一臣

●本書の効率的な利用法●

　本書は，これから電気工事士を目指す受験生あるいは電気工事士として これから活躍をされる，またはすでに活躍されている方々が共通して「電気工事士の選択が人生の成功の正解であった」と胸を張って夢を実現できるように，工夫と構成を試みた類のない書籍です．

　可能な限り，現役電気工事士の方々にも第一章から復習も兼ねて通読をお勧めしたいところですが，時間のないご多忙な諸氏の事もかんがみ，第四章から通読されることも一つの方法であろうと思います．その際は，電気工事士と隣接する資格と職域をしっかりと研究し，勤務電気工事士の場合は，現場での主任電気工事士のスキルを磨きながらも，例えば自家用電気工作物の保安業務の運営管理に興味を持てば，電気主任技術者の資格に挑む，あるいは電気工事施工管理技士を目指して，建設業許可が必要な電気工事の受注のために，建設業許可上の専任技術者や現場での主任技術者あるいは監理技術者として活躍することも魅力のある方向性だと思われます．

　さらに，個人事業を興してまずは登録電気工事業者として，一人親方として取引先から一般用電気工作物の範囲の仕事をしっかり受注し，そしていずれは法人化して，電気工事士を雇いながら建設業許可を取得して中，大規模の電気工事を民間・公共工事入札と併せて絶えず受注しながら地域に社会貢献を果たしてゆく…．

　本書は読者の一人一人がそのような電気工事士の将来像も描けるように，工夫を凝らした成功のための指南書となっております．本書を活用し，一人でも多くの方々が将来性のある電気工事業界での成功を実現されますよう，心より祈念申し上げます．

　最後に，本書の執筆と出版に際しまして，ひとかたならぬご厚情とご指導を賜りました電気書院編集者の畠山龍次氏には，感謝の念に堪えません．

2018 年 4 月　著者　小竹　一臣

電気工事士のための起業成功への道～ロードマップ～

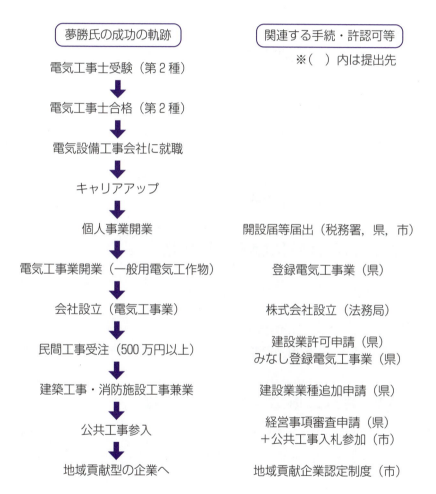

The Road to the Success!!

目 次

はじめに--iii

本書の効率的な利用法--iv

本書の登場人物とストーリー--viii

第1章 電気工事の概要

1.1 電力の流れ---1

1.2 電気工作物---5

1.3 電気工事---7

1.4 電気工事業--10

1.5 電気工事に従事する者とその資格,
工事業者の種別--11

第2章 電気保安に関する法体系

2.1 電気事業法--13

2.2 電気工事士法--14

2.3 電気工事業法--18

2.4 電気用品安全法--22

第3章 電気工事士になるためには

3.1 第二種電気工事士試験--24

3.2 第一種電気工事士試験--24

第4章 電気工事士と隣接する資格と職域

4.1 電気工事施工管理技士--27

4.2 電気主任技術者--28

4.3 主任電気工事士,
建設業の主任技術者と監理技術者------------------------------29

第5章 電気工事士のキャリア・アップと起業

5.1 電気工事士としてのキャリア・アップ --------------- 36

5.2 個人事業 --- 37

5.3 登録電気工事業者 --------------------------------- 43

5.4 会社設立
　　〜個人事業から法人成りへ決意するとき〜 ---------- 57

5.5 建設業許可申請（電気工事業）
　　および電気工事業開始届 ------------------------- 94

第6章 許認可，登録の活用法

6.1 許認可，登録のその後
　　〜隣接する業種追加による市場参入〜 ------------- 153

6.2 経営事項審査 ------------------------------------- 225

6.3 公共工事競争入札参加資格制度 ----------------- 236

6.4 CSR を実践する経営による飛躍 ---------------- 248

第7章 巻末資料

7.1 電気工事の範囲見直しと注意点 ----------------- 261

7.2 小出力発電設備の定義，規制，安全性の考え方 ---- 281

7.3 みなし登録電気工事業の注意事項 --------------- 284

索　　引 -- 286

あとがき -- 288

vii

●本書の登場人物とストーリー●

夢　　勝　第二種電気工事士. 久美電設株式会社で 3 年強, 電気工事士としての実務経験を経て, 個人事業主へ.
その後, 登録電気工事業者, 会社設立, 建設業許可業者, 電気工事業開始（みなし登録電気工事業者）と着実に事業を進めてゆく. さらに業容拡大のため, 本業以外の建築一式や消防施設も建設業許可工事種目に追加しながら地元の地方自治体から公共工事を受注. 現在では地域指向 CSR（地域社会に必要とされる企業として責任を果たすための制度）に取り組み, 地域社会に必要とされる企業を目指している.

夢　光子　株式会社夢電気工事取締役. 夢勝の妻である.
夢勝を個人事業主のときから支えてきた.

夢はじめ　株式会社夢電気工事の建設業許可電気工事業主任電気工事士. ただし, 本書では代表者である夢勝が主任電気工事士であるので, 主任電気工事士が代表者以外のケースを想定し, 解説の便宜上の人物である.

松　和男　消防設備士. 株式会社夢電気工事が業務拡大のため消防施設工事を建設業許可業種追加申請する際に必要な専任技術者である.

呉　紀子　一級建築士. 株式会社夢電気工事が業務拡大のため建築一式工事を建設業許可業種追加申請する際に必要な専任技術者である.

1 電気工事の概要

電気工事は，発電所でつくられた電気を電線やケーブルを利用して工場やオフィスビル，一般住宅など電気を必要とする目的地まで電路を配線する工事です．ここでは電力の流れをみてゆきましょう．

1.1 電力の流れ

●電力とは

電力（electric power）とは，電圧と電流の積を表します．

単位はワット（W），その1 000倍はキロワット（kW）を使い，電流がする仕事力（エネルギー）と定義されます．蒸気機関の発明者ワット（1736～1819）の名前に由来しています．

●電力量とは

電流の発熱量は電力に比例します．

電力量（electric(al) energy）というのは，電力と使った時間の積を表します．

単位はワットアワー（W･h）を使います．

たとえば，100ワットの電球を1時間つけると，100 W･hの電力量を消費したことになります．家庭についているメータ（電力量計）は使用した電力量が数値で示されるようになっています．

電力[W] ＝ 電圧[V] × 電流[A]
電力量[W･h] ＝ 電力[W] × 時間[h]

●消費電力とは

消費電力（electricity consumption）とは，エアコンやホットカーペット，ドライヤーなど電化製品を動かすときに使われる電力の量を表す単位であり，電圧(V)×電流(A)で求められ，単位はW（ワッ

ト）で表します．

●消費電力量とは

消費電力と類似する消費電力量があり，単位はW・h（ワットアワーあるいはワット時）です．消費電力量は，消費電力と使用時間の積（せき）で計算します．

　　消費電力量 ＝ 消費電力 × 時間量

白熱電球を例にすると，ガラスの表面に100 V 60 Wと書いてありますが，100ボルトの電気で使うときの消費電力が60ワットということになります．この白熱電球を4時間つけた場合の消費電力量は60 W × 4 h ＝ 240 W・hとなります．次に，実際の電力の流れをみてゆきましょう．

●発電とは

電力を安定して供給するために，火力，水力，原子力，再生可能エネルギー発電があります．ここでは火力発電の仕組みを紹介しますが近年では再生可能エネルギーが注目されております．このエネルギーは，太陽光や風力，水力など，環境負荷がより少なく，石炭や石油は

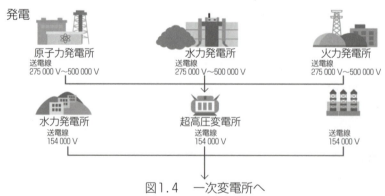

出典　東京電力ホールディングス

図1.1　一次変電所までの電力の流れ

1.1 電力の流れ

燃えてエネルギーに変わると，消失しますが，水力や風力は半永久的にエネルギーをつくり出すことができます．再生可能エネルギーには水力や風力のほか，太陽光や太陽熱，地熱，波力，潮力，バイオマスなども挙げられます．

● 火力発電とは

日本の電気の大半は火力発電によって供給されています．出力が大きく，電力の需要変動に柔軟に電力供給量の調整をしやすいことから電力供給の中心的役割を担っています．

火力発電所では，燃料確保の安全性や経済的調達，環境対策などの面から，硫黄分を含まないクリーンなエネルギーであるLNG（液化天然ガス），LPG（液化石油ガス），そして重油，原油，NGL（天然ガス液）といった石油系燃料や石炭など幅広い燃料を使用して電気をつくりだしています．

火力発電は，石油や液化天然ガス（LNG），石炭などを燃やした熱で水を沸騰させて蒸気をつくります．その蒸気の力によって，タービ

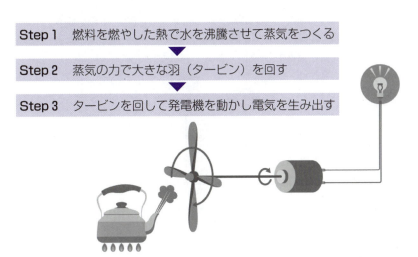

出典　東京電力ホールディングス

図1.2　火力発電の仕組み

1 電気工事の概要

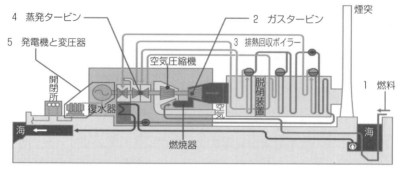

出典 東京電力ホールディングス

図1.3 火力発電所の仕組み

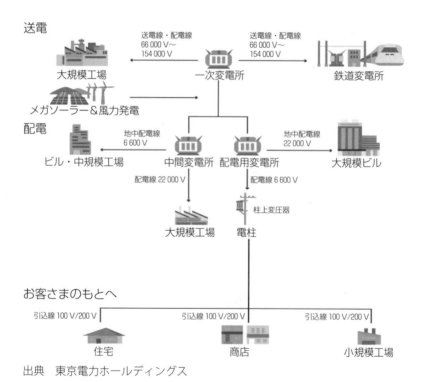

出典 東京電力ホールディングス

図1.4 配電（供給先へ）

1.2　電気工作物

ンと呼ばれる大きな羽を回すことで，これにつながっている発電機を
動かします．発電機の中のコイルの中で磁石を回して電気を生み出す
という仕組みになっています．

●送電・配電とは

発電所でつくられた電気は 66 000 ～ 154 000 ボルトの特別高圧電線
で各地に送られます．この発電所から配電用変電所まで電気を運ぶ流
れを「送電」といいます．配電用変電所で電圧を下げた電気は最大
22 000 ボルトの高圧電線を伝って工場やビル，一般住宅へと届けられ
ます．この配電用変電所から供給先まで電気を運ぶ流れを「配電」と
いいます．配電の電圧は，利用者の電力需要によりますが，鉄道や大
工場などは kV という電圧で配電が行われていますが，小規模工場や
ホテル，一般住宅などには100 V，200 V などの低電圧が配電されて
おります．

1.2　電気工作物

電気工作物とは，電気を供給するための施設や電気を使用するため
の設備などを表します．発電，変電，送電，配電または電気の使用の
ために設置する受電設備（機械，器具，ダム，水路，貯水池，電線路
など）をいい，事業用電気工作物，一般用電気工作物があります．

すでに図1.3，図1.4 で示しました発電所や変電所を「事業用電気
工作物」大規模ビル，工場などを「自家用電気工作物」と呼称し，こ
の二つを「電気事業用電気工作物」と表します．

次に，住宅，商店，小規模工場を「一般用電気工作物」と呼称し，
上記の「事業用電気工作物」と「一般用電気工作物」とを総称して
「電気工作物」と表します．

以下，図1.5 において詳述となりますが，一般用電気工作物には小
電力発電設備も含まれております．第2種電気工事士はこちらの一般
用電気工作物を，第1種電気工事士は自家用電気工作物の電気工事に

1

電気工事の概要

5

1 電気工事の概要

従事することができます.

●一般用電気工作物（第 2 種電気工事士が従事）

電気工事士法第 1 条第 1 項（「一般用電気工作物」とは，電気事業法に規定する電気工作物（600 V 以下で受電，又は一定の出力未満の小出力発電設備であってその構内において受電するための電線路以外の電線路に接続されていないなど，安全性の高い電気工作物）をいう.）に規定する電気工作物を表します.概括的にいえば，一般家庭，商店やコンビニエンスストア，小規模事務所等の屋内配線設備などがこれに該当します.

●小出力発電設備

小出力発電設備とは，発電電圧が 600 V 以下で次に該当するもので，これらは一般用電気工作物として扱われます.
・太陽電池発電設備は出力 50 kW 未満
・風力発電設備で出力 20 kW 未満
・水力発電設備（ダム式を除く）20 kW 未満で最大使用水量 $1 \text{ m}^3/\text{s}$ 未満
・内燃力発電設備で，出力 10 kW 未満
・燃料電池発電設備（固体高分子型又は固体酸化物型のものであって，燃料・改質系統設備の最高使用圧力が 0.1 MPa（液体燃料を通ずる部分にあっては，1.0 MPa）未満のものに限る.）で出力 10 kW 未満
・上記設備の出力の合計が 50 kW 未満のもの
※一般用電気工作物が設置または変更されたとき，「完成したものが基準に適合しているか？」は電気供給者（電力会社）が調査します.

●自家用電気工作物（第 1 種電気工事士が従事）

電気工事士法第 2 条第 2 項（「自家用電気工作物」とは，電気事業

法においては，電気事業の用に供する電気工作物及び一般用電気工作物以外の電気工作物と定義されており，概括的に言えば，中小ビルや，工場等の発電・変電設備，配電線，送電線等の需要設備等が該当します．

① 600 V を超える電圧で受電

② 小電力発電設備の出力を超える発電設備を有する．

③ 600 V で受電しても，構外に送電する場合

④ 火薬がある設備

注：ただし，自家用電気工作物でもネオン工事と非常用予備発電装置の工事は，特種電気工事資格者の範囲となるので，注意が必要です．

※次ページ以降にて，図示を加えてまとめとします．

以上のように電気工作物とは発電，変電，送電，配電または電気の使用のために設置する受電設備（機械，器具，ダム，水路，貯水池，電線路など）をいい，事業用電気工作物，一般用電気工作物があります．

1.3 電気工事

電気工事士法第2条第3項（一般用電気工作物又は自家用電気工作物を設置し，又は変更する工事）に規定する電気工事を表します．電気工事とは，電線やケーブルを使い電気を工場やオフィスビル，一般住宅などに届ける電路を配線する工事を表します．電柱から電線を架空配線・接続して建築物に通したり，新築の際に屋内に電気配線や器具を設置したりします．また，変更する工事には電気工作物の現状変更と撤去も含みます．

ただし，以下①〜⑥の保安上問題ない軽微な工事を除外しています．

① 低圧（600 V 以下）で使用する差込み接続器（電源プラグ），ねじ込み接続器，ソケット，ローゼット，その他の接続器又は電圧600 V 以下で使用するナイフスイッチ，カットアウトスイッチ，ス

1 電気工事の概要

```
                    ┌─ 事業用電気工作物
                    │
                    │    事業用電気工作物とは電気事業に使用するため
                    │    の電気工作物をいいます.
                    │    また, 電気事業法に基づいて事業用電気工作物
                    │    を設置するためには, 保安規程の届出や主任技
                    │    術者の選任など安全の確保のための措置を取ら
                    │    なければ設置できません.
                    │    (例)  電力会社や工場などの発電所, 変電所,
                    │          送電線, 配電線, 需要設備
                    │
        電気工作物 ─┤─ 自家用電気工作物
                    │
                    │    電気事業の用に供する事業用電気工作物以外の
                    │    事業用電気工作物である.
                    │    (例)  発電所, 変電所, 送電線, 配電線, 工場・
                    │          ビルなどの 600 V を超えて受電する需要
                    │          設備
                    │
                    └─ 一般用電気工作物

                         一般用電気工作物とは比較的電圧が小さく安全
                         性の高い電気工作物をいい, 一般用電気工作物
                         を設置するためには保安規程の届出や主任技術
                         者の選任などが不要であるため, 一般家庭等に
                         容易に設置することができます.
                         (例)  一般家庭, 商店, コンビニ, 小規模事務
                               所等の屋内配線, 一般家庭用太陽光発電
```

※小出力発電設備とは
① 太陽電池発電設備であって, 出力 50kW 未満のもの.
② 風力発電設備であって, 出力 20kW 未満のもの.
③ 水力発電設備であって出力 20kW 未満のもの(ダムを伴うものを除く).
④ 内燃力を原動力とする火力発電設備であって出力 10kW 未満のもの.

　ただし, 同一の構内で①から④の設備が電気的に接続された場合の設備の
出力の合計が 50kW 以上となった場合は小出力発電設備ではありません.

⑤ 燃料電池発電設備(固体高分子型又は固体酸化物型のものであって, 燃
料・改質系統設備の最高使用圧力が 0.1 メガパスカル(液体燃料を通ずる
部分にあっては, 1.0 メガパスカル) 未満のものに限る.) であって, 出力
10 キロワット未満のもの.

図 1.5　電気工作物の区分

1.3 電気工事

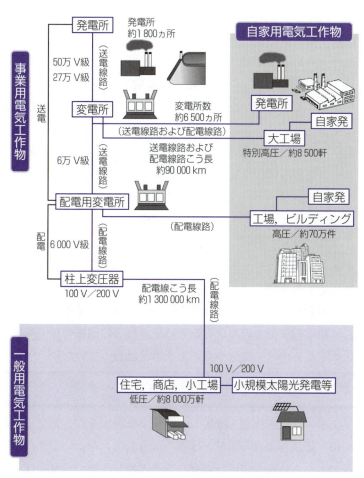

図1.5 電気工作物の区分のつづき

1 電気工事の概要

ナップスイッチその他の開閉器にコード又はキャブタイヤケーブルを接続する工事

② 電圧600V以下で使用する電気機器（配線器具を除く．以下同じ．）又は電圧600V以下で使用する蓄電池の端子に電線（コード，キャブタイヤケーブル及びケーブルを含む．以下同じ）をねじ止めする工事

③ 電圧600V以下で使用する電力量計若しくは電流制限器又はヒューズを取り付け，又は取り外す工事

④ 電鈴，インターホーン，火災感知器，豆電球その他これらに類する施設に使用する小型変圧器（二次電圧が36V以下のものに限る）の二次側の配線工事

⑤ 電線を支持する柱，腕木その他これらに類する工作物を設置し，又は変更する工事

⑥ 地中電線用の暗きょ又は管を設置し，又は変更する工事

また，接地端子付きのコンセントに洗濯機等の機械の接地線を単にねじ止めするものは，従来から電気工事とは扱っていない．

1.4 電気工事業

電気工事の施工を反復・継続して行う事業をいうが，電気工事の施工を反復・継続して行う事業とは次のような場合をいいます．

ほかの者から依頼を受けた者が自らその電気工事の全部又は一部の施工を反復・継続して行う場合をいい，有償・無償の行為を問いません．このため，ほかの者から依頼を受けないで電気工事を行う場合（例えば，電気工事士の免状を有する者が，たまたま自宅の電気工事を行う場合等）や，試験的，一時的に電気工事を行う場合などは含まれません．

例えば，ビル管理業者がそのビル管理の必要上当該ビル内の電気工事を自らが反復・継続して行っている場合であっても，これは電気工事業には該当しないが，ほかの者から依頼を受けて電気工事を行う部

分が含まれれば該当することとなります．また，他の業をもつ者がた
またま1回限り電気工事を行う場合や，住宅メーカが，自らがアフ
ターサービスとして一時的に行うコンセントやスイッチの取り替え
（造営材に取り付けてある配線器具の不具合による交換であって，新
設や移設，増設を含まない）についても，電気工事業には該当しない
が，当該作業は電気工事士法に基づき電気工事士が行う必要がありま
す．

　なお，家電機器販売業者が，家庭用電気機械器具の販売に伴う工事
を行いながら，それ以外の電気工事を断続して1，2件施工するよう
な場合は，電気工事業に該当します．

　さらに，実際に電気工事を業として営む場合は登録電気工事業者登
録申請が必要となります．（詳細は後述）

　※出典　電気工事業の実務と手引き　中国四国産業保安監督部

1.5　電気工事に従事する者とその資格，工事業者の種別

●電気工事士法について

(1)　電気工事に従事するものの資格

表1.1　電気工事に従事するものの資格

資格名	従事することのできる電気工事
第一種電気工事士	500 kW 未満の需要設備及び一般用電気工作物の電気工事（ネオン用の設備及び非常用予備発電装置の電気工事を除く）
第二種電気工事士	一般用電気工作物の電気工事
※認定電気工事従事者	500 kW 未満の需要設備のうち 600 V 以下で使用する自家用電気工作物（例えば高圧で受電し低圧に変成されたあとの 100 V または 200 V の配線，負荷設備等）の電気工事（電線路除く）
特種電気工事資格者	500 kW 未満の需要設備のうち，ネオン用の設備又は非常用予備発電装置の電気工事

1 電気工事の概要

※認定電気工事従業者制度とは，以下の者が産業保安監督部の認定証
の交付を受けることにより，第一種電気工事士には実務経験の割愛，
第二種電気工事士にとっては職域の拡大となります．
しかも，一度認定証の交付を得ておけば，更新手続きは不要です．
イ　第一種電気工事士試験合格者（実務経験不要5年に満たない
者）
ロ　第二種電気工事士免状取得後，電気に関する工事の実務経験が
3年以上ある者
ハ　電気主任技術者免状取得後，電気工作物の工事，維持もしくは
運用に関する実務経験が3年以上ある者

(2)　電気工事業法における工事業者の種別

表1.2　電気工事業法における工事業者の種別

登録 電気工事業者	経済産業大臣（産業保安監督部長）または都道府県知事の登録を受けて電気工事を営む者
通知 電気工事業者	経済産業大臣（産業保安監督部長）または都道府県知事に事業開始の通知を行い，自家用電気工作物のみの電気工事を営む者
みなし登録 電気工事業者	建設業法第3条の許可後，経済産業大臣（産業保安監督部長）または都道府県知事に事業開始の届出を受けて電気工事業を営む者
みなし通知 電気工事業者	建設業法第3条の許可後，経済産業大臣（産業保安監督部長）または都道府県知事に事業開始の通知を行って，自家用電気工作物のみに係る電気工事業を営む者

2 電気保安に関する法体系

電気は現代社会で，一般家庭，オフィスビル，病院，工場など至るところで使用されている必要不可欠なインフラです．

つまり電気は，生活をより便利にしながらも経済活動を促進する重要なエネルギーでもあります．しかし，感電や漏電，火災などの電気事故がないように電気工事の竣工した際の調査に加えて竣工した後も電力使用の安全性の確保を図るため，法令によって電気の保安体制が定められております．

電気工事を行う際は様々な法令が関わりますが，この保安体制は電気保安4法と称され「電気事業法」「電気工事士法」「電気工事業法」「電気用品安全法」の4法で構成されております．

2.1 電気事業法

電気事業法第1条は以下のように定義されています．
「この法律は，電気事業の運営を適正かつ合理的ならしめることによつて，電気の使用者の利益を保護し，及び電気事業の健全な発達を図るとともに，電気工作物の工事，維持及び運用を規制することによつて，公共の安全を確保し，及び環境の保全を図ることを目的とする．」

● 電気工作物の定義

電気事業法2条には電気工作物の定義が示されています．
第2条16号
「発電，変電，送電若しくは配電又は電気の使用のために設置する機械，器具，ダム，水路，貯水池，電線路その他の工作物（船舶，車両又は航空機に設置されるものその他の政令で定めるものを除く.）をいう．」

つまり，5ページでも述べましたが電気工作物とは，電気を供給す

るための施設や電気を使用するための設備などを表します．発電，変電，送電，配電または電気の使用のために設置する受電設備（機械，器具，ダム，水路，貯水池，電線路など）をはじめ，工場，ビル，住宅などの受電設備，屋内配線，電気使用設備などの総称をいいます．事業用電気工作物，一般用電気工作物があります．

　その他，電気工作物の種類や定義につきましては5ページから9ページをご参照下さい．

2.2　電気工事士法

　電気工事士法第1条は以下のように定義されています．
「この法律は，電気工事の作業に従事する者の資格及び義務を定め，もって電気工事の欠陥による災害の発生の防止に寄与することを目的とする.」

　電気工事の欠陥による災害の発生を防止するため，電気工事士法によって一定範囲の電気工作物について電気工事の作業に従事する者の資格が定められております．

●電気工事士の作業範囲と電気工作物

　電気工事士の資格としては，11ページでも触れましたが，第一種電気工事士，第二種電気工事士，特種電気工事資格者，認定電気工事従事者の資格があります．

　なお，最大電力が500 kW以上の自家用電気工作物の工事は電気主任技術者の監督において工事が行われるため，電気工事士の資格がなくても工事が可能です．

2.2　電気工事士法

●電気工作物の種類

電気工作物			
電気を供給するための発電所，変電所，送配電線路をはじめ，工場，ビル，住宅などの受電設備，屋内配線，電気使用設備などの総称をいいます．			
事業用電気工作物 （電気事業用や自家用電気工作物の総称）			一般用電気工作物 一般住宅や小規模な店舗，事業所などの電圧600ボルト以下で受電する場所の配線や電気使用設備など
電気事業用 電気工作物 電気事業者の発電所，変電所，送電線路，配線路など	自家用電気工作物 一般用及び電気事業用以外の電気工作物 （工場やビルなどのように，電気事業者から高圧以上の電圧で受電している事業場等の電気工作物）		
	需要設備		
	工場等の需要設備以外の発電所，変電所など	※最大電力500キロワット未満のもの	

図2.1　電気工作物

●電気工事士の資格

　電気工事士の資格には，免状の種類により第一種電気工事士と第二種電気工事士があり第一種電気工事士にあっては一般用電気工作物および自家用電気工作物（最大電力500キロワット未満の需要設備に限る）の，第二種電気工事士にあっては一般用電気工作物の作業に従事することができます．

　ただし，自家用電気工作物で最大電力500キロワット未満の需要設備における600ボルト以下で使用する設備の電気工事（簡易電気工事）は，第一種電気工事士の資格がなくても，認定電気工事従事者認定証の交付を受ければ従事することができます．

　また，自家用電気工作物で最大電力500キロワット未満の需要設備におけるネオン用の設備および非常用予備発電装置の電気工事（特殊電気工事）は，特種電気工事資格者認定証の交付を受けているもので

2　電気保安に関する法体系

なければ，第一種電気工事士の資格があっても従事できません.

第一種電気工事士	第二種電気工事士
自家用電気工作物で最大電力500キロワット未満の需要設備（工場，ビルなどの電気設備）	一般用電気工作物（住宅，小規模な店舗等の電気設備）

※参照　（一財）電気技術者試験センターのホームページより

図2.2　電気工事士の作業範囲

●第一種電気工事士

第一種電気工事士免状の取得者は次の電気工事の作業に従事することができます.

①　自家用電気工作物のうち最大電力500キロワット未満の需要設備の電気工事

②　一般用電気工作物の電気工事

自家用電気工作物で最大電力500キロワット未満の需要設備（工場，ビルなど）を設置する事業者が主任技術者を選任する際に，産業保安監督部長などの許可を受ければ，電気主任技術者の免状がなくても主任技術者となることができます．（一般にこれを「許可主任技術者」と称しております.）

ただし，この許可の手続きは，免状取得者本人がこのような事業場に勤務している場合に事業者が電気事業法に基づき行うもので免状取得者本人が行うものではありません.

③　第一種電気工事士試験の合格者（免状未取得）が従事できる業務簡易電気工事については産業保安監督部長などに申請して認定電気工事従事者認定証の交付を受ければ，第一種電気工事士試験の合格者は免状を取得していなくてもその作業に従事することができます.

ただし，許可主任技術者の対象となります.

2.2　電気工事士法

●第二種電気工事士

第二種電気工事士免状の取得者は次の電気工事の作業に従事することができます.

①　一般用電気工作物の電気工事の作業に従事することができます.

②　免状取得後3年以上の実務経験を積むか, または所定の講習を受けることにより産業保安監督部長などから認定電気工事従事者認定証の交付を受ければ, 簡易電気工事の作業に従事することができます.

③　自家用電気工作物で最大電力100キロワット未満の需要設備を有する事業場（工場, ビルなど）を設置する事業者が主任技術者を選任する際に, 産業保安監督部長などの許可を受ければ, 電気主任技術者の免状がなくても主任技術者となることができます.（一般にこれを許可主任技術者と称しております.）

　　ただし, この許可の手続きは免状取得者本人がこのような事業場に勤務している場合に事業者が電気事業法に基づき行うもので免状取得者本人が行うものではありません.

※参照　（一財）電気技術者試験センターのホームページより

●電気工事士の義務

電気工事士等の義務（電気工事士法第5条）

電気工事士法では, 電気工事士の義務を以下のように定めております.

⑴　技術基準の適合

電気工事士, 特種電気工事資格者または認定電気工事従事者は, 一般用電気工作物あるいは自家用電気工作物に係る電気工事の作業に従事するときは「経済産業省令で定める技術基準」に適合するようにその作業をしなければなりません.

⑵　免状・認定証の携帯

電気工事士, 特種電気工事資格者又は認定電気工事従事者は, 一般

用電気工作物あるいは自家用電気工作物の電気工事の作業に従事するときは，電気工事士免状，特種電気工事資格者認定証または認定電気工事従事者認定証を常に携帯していなければなりません．

さらに第一種電気工事士の方は電気工事士法第4条の3の規定により，免状の交付を受けた日から5年以内ごとに，定期講習を受けなくてはなりません．

(3)　適法な工事材料と電気器具等の使用

電気工事士は，電気用品安全法に適合している電気工事材料，電気器具などの電気用品を使用しなければなりません．

(4)　報告義務

電気工事の施工方法，設置した電気機器，使用している電気材料などや検査結果などについて都道府県知事から報告を求められたときはこれを報告する義務があります．

さらに，電気工事士の免状は都道府県知事に申請して交付を受けますが，電気工事士の免状の再交付や書き換えが生じたときも都道府県知事に申請して交付を受けなければなりません．

　※出典　中国四国産業保安監督部

2.3　電気工事業法

電気工事業法は，電気工事業の業務が適正になされるために登録電気工事業者の区分や業務上の規制を行うことを目的としております．

第1条では「電気工事業を営む者の登録等及びその業務の規制を行うことにより，その業務の適正な実施を確保し，もって一般用電気工作物及び自家用電気工作物の保安の確保に資することを目的とする．」と定義されています．

したがって，建設業法第3条第1項の許可を受けた建設業者であっても，電気工事業を営む場合には，建設業許可とは別に電気工事業法に基づく届出（みなし登録）を行う必要があります．

2.3 電気工事業法

●電気工事業者の登録申請書の提出先

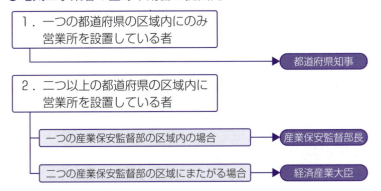

注：登録申請先は上記のように三つに分かれるので注意してください．

図 2.3　電気工事業者の登録申請先

●登録電気工事業者の義務

(1) 主任電気工事士の設置（電気工事業　法律第 19 条・第 20 条）

　登録電気工事業者は，一般用電気工事の業務を行う営業所ごとに，主任電気工事士を設置しなければなりません．主任電気工事士は，自社の従業員から選任しなければなりません．また，一人の主任電気工事士が複数の営業所を兼ねることはできません．ただし，後述の建設業許可における電気工事業と異なり，営業所が本店のみである事業者の場合は，一人の主任電気工事士のみで電気工事を業として請け負う事が可能です．（建設業許可業者の場合は，許可上の専任技術者は各現場の現場代理人を兼ねることができないことになっております．）

（主任電気工事士の資格）

　主任電気工事士の資格として，次の①または②のいずれかを満たさねばなりません．

① 第一種電気工事士免状を取得している者
② 第二種電気工事士免状を取得した後，3 年以上の電気工事に関する実務経験（※）を有する者

※経験として認められる実務の内容は，以下のとおりです．
■一般用電気工作物に関する電気工事
■自家用電気工作物に関する軽微な作業
■認定電気工事従事者認定証を取得した後に従事した簡易電気工事
■特種電気工事資格者認定証［非常用予備発電装置工事］を取得した
　後に従事した非常用予備発電装置工事
■特種電気工事資格者認定証［ネオン工事］を取得した後に従事した
　ネオン工事
■家庭用電気機械器具の販売に伴って販売業者が直接行う電気工事

(2) 主任電気工事士の職務

　一般用電気工事による危険および障害が発生しないように作業の管
理を誠実に行わなければなりません．具体的な内容は以下のとおり．

　① 配線図の作成および変更，これに関与しない場合はそのチェッ
　　クをすること
　② 一般用電気工事が電気関係法規に違反しないように管理すること
　③ 立入検査を受ける場合の立ち会い
　④ 一般用電気工事の検査結果の確認
　⑤ 帳簿の記載上の管理監督
　⑥ その他一般用電気工事に関する一般的な管理監督

(3) 検査測定器具の備え付け

　電気工事業者は，営業所ごとに以下の測定器を備えることが必要で
す．

　① 一般用電気工事のみの業務を行う営業所：絶縁抵抗計，接地抵
　　抗計，抵抗・交流電圧を測定することができる回路計
　② 自家用電気工事の業務を行う営業所：絶縁抵抗計，接地抵抗計，
　　抵抗・交流電圧を測定することができる回路計，低圧検電器，高
　　圧検電器，継電器試験装置，絶縁耐力試験装置

2.3 電気工事業法

(4) 標識の掲示

電気工事業者は，営業所および電気工事の施工場所ごとに，標識を作成して見やすい場所に掲げなければなりません．標識は，氏名または名称，登録番号，電気工事の種類，その他経済産業省省令で定める事項を記載したものですが，電気工事業者の種類（登録電気工事業者，通知電気工事業者，みなし登録電気工事業者，みなし通知電気工事業者）によって違いますので注意してください．

(5) 帳簿の作成

電気工事業者は，営業所ごとに，以下の内容を記載した帳簿を5年間保存しなければなりません．帳簿の保存方法については，必要に応じ直ちに表示できるように保存していれば，電磁的方法（パソコンなど）でも可能です．

① 注文者の氏名または名称および住所
② 電気工事の種類および施工場所
③ 施工年月日
④ 主任電気工事士および作業者の氏名
⑤ 配線図
⑥ 検査結果

(6) 電気用品安全法による表示の記載がある電気用品の使用

電気工事業者は，電気用品安全法第10条第1項の表示が付されている電気用品でなければ，電気工事に使用してはなりません．

甲種電気用品　　　　　乙種電気用品

図2.4　電気用品取締法（旧法）の表示マーク

特定電気用品　　　特定電気用品以外の電気用品

図2.5　電気用品安全法（新法）の表示マーク

2.4　電気用品安全法

「電気用品安全法」は，電気用品の製造，販売などを規制するとともに，電気用品の安全性の確保につき民間事業者の自主的な活動を促進することにより，電気用品による危険および障害の発生を防止することを目的としております．

　この法律の規制を受ける製品（電気用品）は，政令で定められた457品目であり，そのうち，構造または使用方法等の使用状況により感電，火災等の危険や障害を発生する程度が重いものとして「特定電気用品」が116品目指定されております．「電気用品」に該当する製品の製造又は輸入を行う事業者（以下，「届出事業者」という）は，経済産業大臣に事業の開始の届け出を行うほか，技術基準適合義務等のいくつかの義務を負い，これら義務を果たした事業者が自ら法に基づく手続きを行った証として，その表示ができることになります．

　また，法に基づく表示がなされていない電気用品は販売できないなどの制限があります．

2.4 電気用品安全法

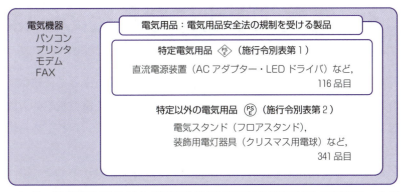

※なお，特定電気用品および特定電気用品以外の電気用品の表示マークについては図2.5のとおりです．

図2.6 電気用品安全法上の電気用品

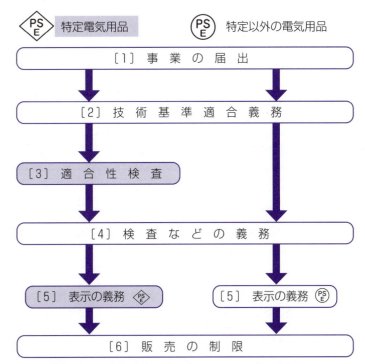

※出典 一般財団法人 電気安全環境研究所のホームページより

図2.7 電気用品安全法の手続きの流れ

3 電気工事士になるためには

　電気工事士法では，電気工事士は，電気工事士法によって「電気工事の作業に従事する者の資格及び義務を定め，もつて電気工事の欠陥による災害の発生の防止に寄与することを目的とする．」と定められた国家資格です．

　電気工事士法（昭和 35 年法律第 139 号）第 3 条第 1 項および第 2 項）

　不良な電気工事によって発生する感電事故，火災事故の発生を防止するために，一定以上の知識と技術を持っていることを証明し，免状を取得していなければ電気工事に従事できないよう規制しており，一定範囲の電気工作物について電気工事の作業に従事する者の資格が定められております．

　電気工事士の資格には，免状の種類により第二種電気工事士と第一種電気工事士があり，それぞれ以下のフローにより資格を取得していく形式となります．

3.1 第二種電気工事士試験

　第二種電気工事士試験に合格すると…
　一般用電気工作物の電気工事に従事できます．
　ただし，政令で定める軽微な仕事であり，感電や第三者に危害を与えるリスクが少ない工事は第二種電気工事士でなくても行うことが可能となります．

3.2 第一種電気工事士試験

　第一種電気工事士試験に合格すると…
　一般用電気工作物（低圧で受電する一般家庭の電気工作物など）および自家用電気工作物（最大電力 500 kW 未満の需要設備で，高圧で

3.2 第一種電気工事士試験

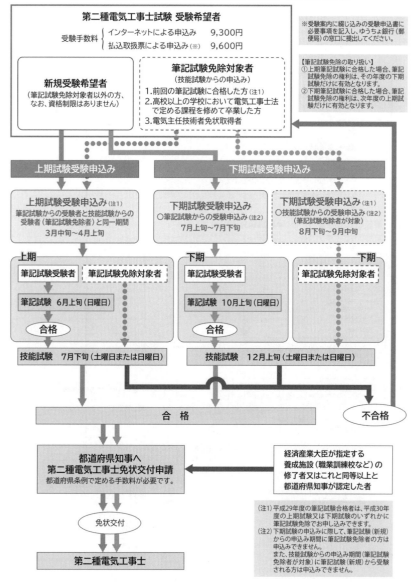

※出典 （一財）電気技術者試験センター

図 3.1 第二種電気工事士資格取得まで

3 電気工事士になるためには

受電する工場やビルなど）の電気工事に従事できます．ただし，特殊電気工事（自家用のネオン工事や非常用予備発電装置工事）は除きます．

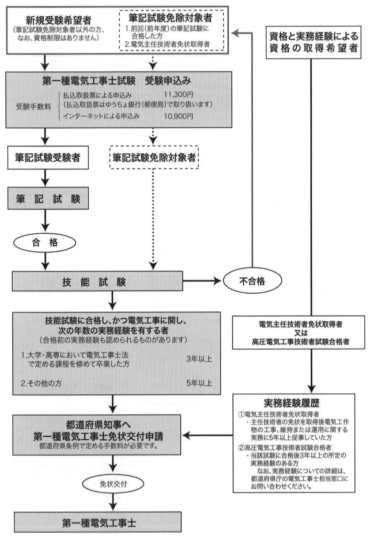

※出典 （一財）電気技術者試験センター

図 3.2 第一種電気工事士の資格取得まで

4 電気工事士と隣接する資格と職域

4.1 電気工事施工管理技士

　国土交通大臣から付与される資格で，昭和63年度より「電気工事施工管理技術検定」制度が発足しました．電気設備の高度化，大型化傾向に対応するため，電気工事の適正な施工の確保を目的に，建設業法施行令が改正され，同法の電気工事業は建設業の許可業者において以下の工事を請け負う際に，先ずは許可上の専任技術者として選任される際の国家資格に含まれます．

- 構内電気設備（非常用電源設備工事を含む）工事
- 照明設備工事　　●引込線工事　　●ネオン装置工事
- 発電設備工事　　●送配電線工事　●変電設備工事
- 電車線工事　　　●信号設備工事

1級電気工事施工管理技士が従事できる技術者

- ①特定・一般建設業のうち電気工事業の専任の技術者
- ②上記業種の建設工事における主任技術者および監理技術者

※1級電気工事施工管理技士は特定・一般建設業どちらも可．

2級電気工事施工管理技士が従事できる技術者

- ①一般建設業のうち電気工事業の専任の技術者
- ②上記業種の建設工事における主任技術者

※2級電気工事施工管理技士は一般建設業のみ可．

4 電気工事士と隣接する資格と職域

　電気工事施工管理技士以外の電気関係資格と根拠法および管轄官公庁は次のとおりである．

■電気主任技術者……自家用電気工作物の工事，維持および運用に関する保安の監督の資格．

■電気工事士……一般電気工作物の設置または変更の安全工事の作業者の資格．

表 4.1　電気関係の資格一覧

電気関係資格	根拠法	管轄官公庁
1 級・2 級電気工事施工管理技士	建設業法	国土交通省
電気主任技術者（第一種・二種・三種）	電気事業法	経済産業省
電気工事士（第一種・二種）	電気工事士法	経済産業省

※参考　建設管理センター　ホームページより

4.2　電気主任技術者

　電気設備を設けている事業主は，工事・保守や運用などの保安の監督者として，電気主任技術者を選任しなければならないことが法令で義務づけられています．

　電気主任技術者になれば，発電所や変電所，それに工場，ビルなどの需要家受電設備や配線など，電気設備の維持管理や運用，保安監督という仕事をさせるために，電気設備の種類によって電気主任技術者を選任することが定められています．電気主任技術者は社会的評価が高い資格と言えるでしょう．

　電気主任技術者資格は「電験」という名称で呼ばれることもあります．

　以下，第三種から第二種，第一種電気主任技術者をみてゆきます．

●第三種電気主任技術者とは

電圧が 5 万ボルト未満の事業用電気工作物の維持，運用，管理がで

きます．（出力 5 千キロワット以上の発電所を除く）

●第二種電気主任技術者とは

電圧が 17 万ボルト未満の事業用電気工作物を管理できます．

電力会社の変電所や発電所など，高い電圧を用いた電気設備を維持，管理，運用する場合に必要となる資格です．

●第一種電気主任技術者とは

超高圧の発電所から末端の一般需要家まで，どのような電圧の電気設備であっても維持・管理・運用できます．

発電所や変電所などは 17 万ボルトを超えるので，電力会社の電気事業者において必要となる資格といえます．また，第一種電気主任技術者の認定制度があり，大学や高等専門学校など，所定の教育施設において電気工学に関する学科を卒業し，かつ電圧 50 000 V 以上の電気工作物の工事・維持・運用を行なっているか，第二種電気主任技術者免状を取得し，同様に電圧 50 000 V 以上の電気工作物の工事・維持・運用を所定の年数以上行なっていることが認定の要件となります．

4.3　主任電気工事士, 建設業の主任技術者と監理技術者

●主任電気工事士とは

すでに，19 ページから 22 ページにかけて電気工事業法での登録電気工事業者の義務として解説いたしましたが，要点をまとめておきましょう．

① 電気工事業者は，一般用電気工事の業務を行う営業所ごとに，主任電気工事士を設置しなければなりません．

② 主任電気工事士は，自社の従業員から選任しなければなりません．

③ 一人の主任電気工事士が複数の営業所を兼ねることはできません．

④ 主任電気工事士の資格として，次のいずれかを満たさねばなりません．

※第一種電気工事士免状を取得している者

※第二種電気工事士免状を取得した後，3年以上の電気工事に関する実務経験を有する者

> 　以上をきちんと整理しておけば，これから比較する建設業許可業者での専任技術者，主任技術者との区別が容易になることでしょう．

●建設業法の専任技術者，主任技術者と監理技術者

　これまでは，電気工事業法における主任電気工事士や電気主任技術者の解説をして参りましたが，ここからは建設業許可業者としての電気工事業の専任技術者の資格をみてゆきましょう．

※本書では，建設業法資格区分で各種電気工事士，電気工事施工管理技士が電気工事の許可申請する際に，取得できる許可の種類を○◎にて示しております．それを前提に解説を行います．

●建設業許可用語解説

⑴　特定建設業，一般建設業

　発注者からの請負金額から，下請に4 000万円以上（建築一式は6 000万円以上）（複数の下請業者に出す場合は，その合計額）を請け負わす場合に必要な建設業許可をいいます．

　つまり，それ以外で例えば，発注者から6 500万円で電気工事を請け負った元請業者けが下請業者に4 000万円未満で発注する場合は，特定建設業ではなく一般建設業許可が必要となります．（ただし，電気工事で1件あたりの請負金額が500万円未満の場合は軽微な工事として，元受下請の区別なく，建設業許可自体が不要）

⑵　専任技術者

　建設工事の請負契約を行う営業所ごとに，下記のいずれかに該当す

4.3　主任電気工事士，建設業の主任技術者と監理技術者

業種	資格名称	建設業の許可基礎・技術者区分	一般建設業（法第7条・26条）	
			専任の技術者	主任技術者
電気工事業	電気工事士　　第1種 　　　　　　　第2種 ただし，第2種は免状の交付後3年以上の実務経験を有する者		○	○

建設業の許可に係る技術者の資格

◎特定（第15条第2号イ）の資格を有するもの
○一般（第7条第2号ハ）の資格を有するもの
（注）特定の資格を有する者は，一般の資格も有する.

資格区分		土	建	大	左	と	石	屋	電	管	タ	鋼	筋	ほ	しゅ	板	ガ	塗	防	内	機	絶	通	園	井	具	水	消	清
建設業法 1級建設機械施行技士		◎				◎						◎																	
2級建設機械施工技士 第一種～六種		○				○						○																	
1級土木施工管理技士		◎				◎	◎				◎	◎	◎					◎									◎		
2級土木施工管理技士 種別 土木		○				○	○				○	○															○		
2級土木施工管理技士 種別 鋼構造物塗装																		○											
2級土木施工管理技士 種別 薬液注入						○																							
1級建築施工管理技士			◎	◎	◎	◎	◎	◎			◎	◎	◎			◎	◎	◎	◎	◎		◎				◎			
2級建築施工管理技士 種別 建築			○																										
2級建築施工管理技士 種別 躯体				○	○							○	○	○															
2級建築施工管理技士 種別 仕上げ					○	○	○	○			○					○	○	○	○	○						○			
1級電気工事施工管理技士									◎																				
2級電気工事施工管理技士									○																				
1級管工事施工管理技士										◎																			
2級管工事施工管理技士										○																			
1級造園施工管理技士																								◎					
2級造園施工管理技士																								○					
水道法 免状 給水装置工事主任技術者（1年）										○																			

注1)　建設業の種類は，建設業法に定められた28に分類したもので，各々，土＝土木工事業，建＝建築工事業，大＝大工工事業，左＝左官工事業，と＝とび・土工工事業，石＝石工事業，屋＝屋根工事業，電＝電気工事業，管＝管工事業，タ＝タイル・れんが・ブロック工事業，鋼＝鋼造物工事業，筋＝鉄筋工事業，ほ＝舗装工事業，しゅ＝しゅんせつ工事業，板＝板金工事業，ガ＝ガラス工事業，塗＝塗装工事業，防＝防水工事業，内＝内装仕上工事業，機＝機械器具設置工事業，絶＝熱絶縁工事業，通＝電気通信工事業，園＝造園工事業，井＝さく井工事業，具＝建具工事業，水＝水道施設工事業，消＝消防施設工事業，清＝清掃施設工事業の略である.

図4.1　建設業の許可に係る技術者の資格

る専任の技術者が必要となります.

　許可を受けようとする建設業に係る建設工事に関し，次に掲げるいずれかの要件に該当する者となります.

① 法第7条第2号

　イ　学校教育法による高校（旧実業学校を含む）指定学科卒業後5年以上，大学（高等専門学校・旧専門学校を含む）指定学科卒業後3年以上の実務経験を有する者

　ロ　10年以上の実務経験を有する者（学歴・資格を問わない）

　ハ　イまたはロに掲げる者と同等以上の知識・技術・技能を有すると認められた者

　ニ　31ページの上段，下段の表の○に該当する者.

② 法第15条第2号

　イ　31ページの下段の表の資格区分◎に該当する者.（◎は特定建設業許可も一般建設業許可も可）

　ロ　法第7条第2号イ・ロ・ハに該当し，かつ，元請として消費税を含み4500万円以上の工事（平成6年12月28日前にあっては消費税を含み3000万円，さらに昭和59年10月1日前にあっては1500万円以上）に関し2年以上の指導監督的な実務経験を有する者

　ハ　国土交通大臣が，イまたはロに掲げる者と同等以上の能力を有すると認めた者

　※指定建設業（土木工事業，建築工事業，電気工事業，管工事業，鋼構造物工事業，舗装工事業，造園工事業）については，上記のイまたはハに該当する者であること.

　（つまり，特定建設業許可を申請する際には，基本的には一級電気工事施工管理技士または電気電子・総合技術監理（電気電子）の技術士有資格者が必要となります.）

4.3 主任電気工事士，建設業の主任技術者と監理技術者

●建設業法の主任技術者と監理技術者

　工事発注者は，多くの建設業者の中から選択した建設業者の専門性や技術力，知識経験や仕事への誠実さを信頼して工事の施工を請け負わせています．

　建設業者はその能力を発揮して，その期待にしっかりと応える責任があります．したがって，工事現場における技術者の果たすべき役割は大きく，建設業者は現場ごとに適切な資格，経験などを有する技術者を配置しなければなりません．

　建設業法では，この技術者を「主任技術者」「監理技術者」と規定し，該当する資格や経験などとともにその果たすべき責務や現場での権限について定めています．

（主任技術者及び監理技術者の職務等）

第26条の3　主任技術者及び監理技術者は，工事現場における建設工事を適正に実施するため，当該建設工事の施工計画の作成，工程管理，品質管理その他の技術上の管理及び当該建設工事の施工に従事する者の技術上の指導監督の職務を誠実に行わなければならない．

2　工事現場における建設工事の施工に従事する者は，主任技術者又は監理技術者がその職務として行う指導に従わなければならない．

※建設業者は，元請下請，金額の大小に関係なく，全ての工事現場に必ず技術者を配置しなければなりません．（法第26条第1項）
この全ての現場に配置しなければならない技術者が「主任技術者」です．ただし，建設業許可上の専任技術者は，許可で定めた営業所に常駐して工事の契約や進捗を監理する職責上，各現場の主任技術者を兼ねる事は原則禁止されております．

4　電気工事士と隣接する資格と職域

●**主任技術者になるための用件**（建設業許可電気工事業に拠る）

(1)　下記期間の実務経験を有する者

①　高等学校の電気工学又は電気通信工学に関する学科卒業後 5 年以上

②　高等専門学校の電気工学又は電気通信工学に関する学科卒業後 3 年以上

③　大学の電気工学又は電気通信工学に関する学科卒業後 3 年以上

④　上記①～③以外の学歴の場合 10 年以上

※注 1　学校教育法における短期大学は大学に含まれます．平成 28 年 4 月 1 日より，実務経験の対象範囲に専門学校卒業者の位置づけが明確化されました．（高度専門士が大学卒業相当，専門士が短期大学卒業相当，それ以外の専門学校修了者が高校卒業相当）各種学校は含まれません．

※注 2　「実務経験」は請負人の立場における経験のみならず，建設工事の注文者側において設計に従事した経験あるいは現場監督技術者としての経験も含まれます．ただし，工事現場の単なる雑務や事務の仕事は実務経験に含まれません．

(2)　一級および二級の電気工事施工管理技士（実務経験不要）

電気電子・総合技術監理（電気電子）の技術士（同上）

第一種電気工事士（実務経験不要）

第二種電気工事士（ただし，3 年の実務経験が必要）

電気主任技術者（1 種 2 種 3 種．ただし，5 年の実務経験が必要）

●**監理技術者になるための要件**（建設業許可電気工事業に拠る）

発注者から直接工事を請け負った建設業者（元請）は，その下請に請け負わせる契約の 1 件あたりの請負代金の額が 4 000 万円以上となる場合にあっては，「主任技術者」ではなく，監理技術者を配置しなければなりません．（法第 26 条第 2 項）

この元請が一定金額以上の下請負を出す場合，配置しなければならない技術者が「監理技術者」です．

監理技術者となる資格は，主任技術者に比較すると，以下に限定されます．

① 一級電気工事施工管理技士（実務経験不要）

② 電気電子・総合技術監理（電気電子）の技術士（同上）

③ ①②と同等以上の能力を有すると認められる者（同上）

●工事現場に専任を要する主任技術者と監理技術者の要件
（建設業許可電気工事業に拠る）

> 第26第3項　公共性のある施設若しくは工作物又は多数の者が利用する施設若しくは工作物に関する重要な建設工事に配置される主任技術者又は監理技術者等は，工事現場ごとに，専任の者でなければならない．

ここで意味する「専任」とは，ほかの職務者などとの兼任を認めないことを意味し，元請下請に関わりなく，常時継続的に工事現場に置かれていなければなりません．また請負代金額が一定以上となる場合とは，電気工事一件の請負代金の額が3 500万円以上のものが該当します．その際には，その工事現場の主任技術者または監理技術者は法令の定めによる「専任」義務を負うこととなります．

最後に，専任の監理技術者になるには，次の2点を満たさなければなりせん．（法第26条第4項）

① 監理技術者資格者証の交付を受けている者であること

② 過去5年以内に監理技術者講習を修了していること

5 電気工事士のキャリア・アップと起業

5.1 電気工事士としてのキャリア・アップ

　電気工事士の仕事の世界は，現場で仕事を重ね，技術力を磨き，クライアントや社会の信用を得ながらキャリアをステップアップさせて大きなやりがいを見いだせる魅力に満ちた世界といえます．

　建物を新築する際には建物内の配線工事をしたり，配電盤や各種電気設備の設置工事などを行います．また，既存建物に関しては，新たな電気設備を追加する工事を行い，それに伴う新たな配線工事を行う場合もあり，対象となるクライアントは一般家庭からビル，病院，工場などをもつ企業など幅広く，電気設備は防災対策と併せて社会で不可欠な基幹インフラです．そのため，それらの工事施工を実施する電気工事士に対する社会的ニーズは限りなく，今後も時代の変化とともにますます多様なバリエーションの仕事に携わることが見込まれます．

　さらに，建物での新築や増改築となると，ほかの建築会社などと工事を協力しながら行うことが多く，大きな施工現場となると発注者から仕事を受けた元請建築会社の施工管理者や，現場監督の指示に従いつつ，コミュニケーション能力を高めて仕事を進める必要があります．

　新人電気工事士の場合は，当初は見習いとして現場で上司や先輩の作業を手伝いながら，工事の内容や施工図の読み取りをして，現場施工の仕事を日々習熟することから始まります．

　そして一通り，仕事に慣れてくるようになると，先輩（職長）の指示の下で日々のスケジュールと施工内容，施工図を確認しながら電気工事士としてあらゆる建設物の屋内外電気設備の設計，施工を行います．さらにキャリアを重ね，電気工事施工管理技士や消防設備士，電

気主任技術者などとキャリア・アップを重ね，その行く先には「起業」というステージも脳裏に浮かんでくることでしょう．

さて，いよいよその大きな夢を描く皆さんには「起業」について，これからご案内したいと思います．起業には「成功するまで継続する志(こころざし)」が先ずはなによりも必要です．

5.2 個人事業

この項では第二種電気工事士として，個人が登録電気工事業を開業することを前提とします．

個人事業：開業届と青色申告承認申請書

個人事業を開業することを決意したら，まずは税務署に個人事業開業届と青色申告承認申請書を提出しましょう．

個人事業開業届は後述する登録電気工事業者登録申請をする際に添付資料として必要となるので，先に提出しましょう．

青色申告承認申請書を開業届と同時に提出しておけば二度手間は掛かりませんし青色申告承認申請には以下のように大きな節税効果があります．

★青色申告者のメリット★

青色申告特別控除
※所得金額 − 最高65万円または10万円控除

5 電気工事士のキャリア・アップと起業

※青色申告者に対してはさまざまな特典がありますが，その一つに所得金額から最高 65 万円または 10 万円を控除するという青色申告特別控除があります．個人事業主としては，この 65 万円の控除を受けるための要件は，所得に係る取引を正規の簿記の原則（一般的には複式簿記）により記帳していることと，その記帳に基づいて作成した貸借対照表および損益計算書を初年度の確定申告書に添付し，この控除の適用を受ける金額を記載して，法定申告期限内に提出することとされています．ちなみに個人事業主の場合，事業年度の年度末はすべての業種において，12 月となっております．

```
★青色申告特別控除を受けるための要件★
```

① 日頃の取引を複式簿記により記帳する

＋

② 法定申告期限内に貸借対照表と損益計算書に
控除適用を受ける金額を記載して申告する

5.2　個人事業

						1 0 4 0

税務署受付印

（　）

個人事業の開業・廃業等届出書

_____税務署長

_____年____月____日提出

納　税　地	住所地・居所地・事業所等（該当するものを○で囲んでください。） （〒　　－　　） （TEL　　－　　－　　）
上記以外の 住　所　地・ 事　業　所　等	納税地以外に住所地・事業所等がある場合は記載します。 （〒　　－　　） （TEL　　－　　－　　）
フ リ ガ ナ 氏　　名　　　　　　　　㊞	生年月日　大正・昭和・平成　　年　　月　　日生
職　　業	フ リ ガ ナ 屋　号

個人事業の開廃業等について次のとおり届けます。

届 出 の 区 分 _{該当する文字を○で囲んでください。}	開業（事業の引継ぎを受けた場合は、受けた先の住所・氏名を記載します。） 　住所　　　　　　　　　　　　　　　氏名_____ 事務所・事業所の（新設・増設・移転・廃止） 廃業（事由） （事業の引継ぎ（譲渡）による場合は、引き継いだ（譲渡した）先の住所・氏名を記載します。） 　住所　　　　　　　　　　　　　　　氏名_____
所 得 の 種 類	不動産所得・山林所得・事業（農業）所得　〔廃業の場合……全部・一部（　　　　　）〕
開業・廃業等日	開業や廃業、事務所・事業所の新増設等のあった日　平成　　年　　月　　日
事 業 所 等 を 新増設、移転、 廃止した場合	新増設、移転後の所在地　　　　　　　　　　（電話） 移転・廃止前の所在地
廃業の事由が法 人の設立に伴う ものである場合	設立法人名　　　　　　　　代表者名 法人納税地　　　　　　　　　　　　設立登記　平成　　年　　月　　日
開業・廃業に伴 う届出書の提 出の有無□□□	「青色申告承認申請書」又は「青色申告の取りやめ届出書」　　有　・　無 消費税に関する「課税事業者選択届出書」又は「事業廃止届出書」　有　・　無
事 業 の 概 要 _{できるだけ具体的に記載します。}	

給 与 等 の 支 払 の 状 況	区　分	従事員数	給 与 の 定 め 方	税額の有無	そ の 他 参 考 事 項
	専 従 者	人		有・無	
	使 用 人			有・無	
	計			有・無	

源泉所得税の納期の特例の承認に関する申請書の 提出の有無	有・無	給与支払を開始する年月日	平成　　年　　月　　日

関与税理士 （TEL　　－　　－　　）	税整 務理 署欄	整 理 番 号 ｜　｜　｜｜　｜	関係部門 連 絡	A	B	C	D	E
			源 泉 用紙交付	通信日付印の年月日 　年　　月　　日		確認印		

図 5.1　個人事業開業届（書式）

⚠注意点

※納税地とは，個人事業主の現住所または居住地を記載します．

※職業は「電気工事業」が今後の登録電気工事業者登録や将来の建設業許可
　申請の際には望ましいでしょう．

※屋号は任意ですが，将来の法人化も考えた名称がよいでしょう．

39

5 電気工事士のキャリア・アップと起業

税務署受付印

〇

| | | 1 | 0 | 9 | 0 |

所得税の青色申告承認申請書

＿＿＿＿＿＿税務署長

＿＿＿年＿＿月＿＿日提出

納 税 地	住所地・居所地・事業所等（該当するものを〇で囲んでください。） （TEL　－　－　）
上記以外の 住 所 地・ 事 業 所 等	納税地以外に住所地・事業所等がある場合は書いてください。 （TEL　－　－　）
フ リ ガ ナ 氏　　名　㊞	生年月日　大正・昭和・平成　年　月　日生
職　　業	フリガナ 屋　号

平成＿＿＿年分以後の所得税の申告は、青色申告書によりたいので申請します。

1　事業所又は所得の基因となる資産の名称及びその所在地（事業所又は資産の異なるごとに書いてください。）

名称＿＿＿＿＿＿＿＿＿＿　所在地＿＿＿＿＿＿＿＿＿＿＿＿＿＿＿＿

名称＿＿＿＿＿＿＿＿＿＿　所在地＿＿＿＿＿＿＿＿＿＿＿＿＿＿＿＿

2　所得の種類（該当する事項を〇で囲んでください。）

事業所得　・　不動産所得　・　山林所得

3　いままでに青色申告承認の取消しを受けたこと又は取りやめをしたことの有無

(1) 有（取消し・取りやめ）　＿＿年＿＿月＿＿日　(2) 無

4　本年1月16日以後新たに業務を開始した場合、その開始した年月日　＿＿年＿＿月＿＿日

5　相続による事業承継の有無

(1) 有　相続開始年月日　＿＿年＿＿月＿＿日　被相続人の氏名＿＿＿＿＿＿＿＿　(2) 無

6　その他参考事項

(1) 簿記方式（青色申告のための簿記の方法のうち、該当するものを〇で囲んでください。）

複式簿記・簡易簿記・その他（　　　　　　　　　）

(2) 備付帳簿名（青色申告のため備付ける帳簿名を〇で囲んでください。）

現金出納帳・売掛帳・買掛帳・経費帳・固定資産台帳・預金出納帳・手形記入帳
債権債務記入帳・総勘定元帳・仕訳帳・入金伝票・出金伝票・振替伝票・現金式簡易帳簿・その他

(3) その他

| 関与税理士
（TEL　－　－　） | 税整
務理
署欄 | 整理番号 | 関係部門
連絡 | A | B | C | D | E |
| | | | | 通信日付印の年月日　確認印
　年　月　日 | | | | |

図5.2　青色申告承認申請書（書式）

①注意点

※ 6(1)は複式簿記を〇で囲みましょう.

また，6(2)の備付帳簿名は必要に応じて，現金出納帳，売掛帳，買掛帳，経費帳，固定資産台帳，預金出納帳，総勘定元帳，仕訳帳を〇で囲みましょう.

5.2　個人事業

●会社員と個人事業主の福利厚生の相違点
福利厚生の相違点は？

> 個人事業主になると…
> ・福利厚生（社会保険）を国民健康保険と国民年金へ
> ・労災と雇用保険（失業保険）には原則入れなくなる

　今まで会社員であった電気工事士が，個人事業主として開業すると，以上のような税務署に対する個人事業開業届出のほか，これまで会社が当たり前のように手続きしてくれていた福利厚生面での届出や以後の手続きもすべて自らがやらなければなりません．
　ここが，著者もそうでしたが「被用者」から「事業主」に変わったときに，一番痛感する相違点ではないかと思います．

●保険制度の手続
　会社員から個人事業主になってから2週間以内に，社会保険（健康保険，厚生年金）を国民健康保険と国民年金に切り替える必要があります．
⇒ 会社員では保険料と年金額を会社が折半してくれましたが，個人事業主となると全額負担となります．また，社会保険に比べ，国民年金の自己負担は割安ですが，受給額も少なくなります．
⇒ 労働保険（労災保険と雇用保険）については，労災保険は労働者ではない個人事業主のみでは制度加入できず，雇用保険（いわゆる失業保険）には適用除外となります．

5 電気工事士のキャリア・アップと起業

※以上のように，保険制度でも大きな相違点があります．
　また，従業員を雇う際は，雇用保険の加入が義務付けられており，従業員数が5名以上になれば社会保険についても，従業員のみ社会保険に切り替えなければなりません．
　また，個人事業主がいわゆる一人親方の場合は労働保険事務組合に加入することにより，労働者に準じて特別労災の適用を受けることができます．

個人事業主のみ

・労働保険加入不可
・社会保険加入不可
・労災特別加入可

個人事業主で従業員を雇用

・労働保険に加入義務
・従業員5名以上で
　社会保険加入義務
・事業主自身は，
　個人事業主のみと同じ

5.3 登録電気工事業者

すでにこれまで解説したとおりですが，電気工事業を営もうとする者（自家用電気工作物に係る電気工事のみに係る電気工事業を営もうとする者を除く）は，その営業所の所在地に応じて，都道府県知事または経済産業大臣の登録を受ける必要があります．

なお，登録の有効期間は5年間となっていますので，有効期間満了後も引き続き電気工事業を営もうとする者は，更新の登録を受けなければなりません．また，登録事項に変更が生じた場合は，その内容により変更の届出が必要となります．

※自家用電気工作物に係る電気工事のみに係る電気工事業を営もうとする者は，営業所の所在地を，その場所に応じ都道府県知事または経済産業大臣に通知しなければなりません．

今回は，個人事業主での，第二種電気工事士の主任電気工事士を前提とした夢電気工事（仮称）に関する登録電気工事業者登録申請を進めていくことと致しますが，もちろん，第一種電気工事士であっても理解ができるように，必要書類の一覧などは共通する資料をご案内して参ります．

その前に，もう一度，電気工事業法における，登録およびみなし工事業者制度を概観してみましょう．

5 電気工事士のキャリア・アップと起業

登録・通知または届出（※出典　大阪府危機管理室消防保安課手引）

　電気工事業を営もうとする者は，都道府県知事または経済産業大臣へ登録，通知または届け出しなければなりません．登録，通知または届出の区分は，施工する電気工作物の種類と建設業許可の有無により区別されています．

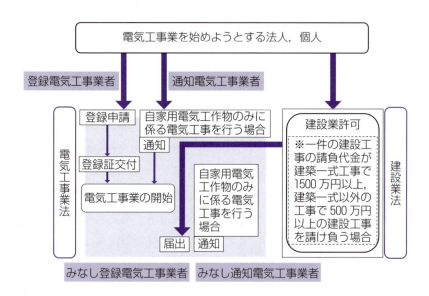

区分	概要
登録電気工事業者	建設業法に基づく許可を受けずに電気工事業（自家用電気工作物のみに係る電気工事業を営む者を除く）を営む場合は登録が必要であり，この登録を行った者を登録電気工事業者といいます．
みなし登録電気工事業者	建設業法に基づく許可を受け，電気工事業（自家用電気工作物のみに係る電気工事業を営む者を除く）を開始した者は，登録電気工事業者とみなして電気工事業法が適用されます．業務開始後，遅滞なく届出を行う必要があり，この届出を行った者をみなし登録電気工事業者といいます．
通知電気工事業者	建設業法に基づく許可を受けずに，自家用電気工作物のみに係る電気工事業を営もうとする場合は通知が必要であり，この通知を行った者を通知電気工事業者といいます．
みなし通知電気工事業者	建設業法に基づく許可を受け，自家用電気工作物のみに係る電気工事業を開始した場合は，通知電気工事業者とみなして電気工事業法が適用されます．業務開始後，遅滞なく通知を行う必要があり，この通知を行った者をみなし通知電気工事業者といいます．

5.3 登録電気工事業者

電気工事業登録申請に関する必要書類と添付書類

すでにおわかりのように電気工事士法および電気工事業法が適用される電気工作物は，一般用電気工作物および自家用電気工作物（最大電力 500 kW 未満の需要設備のみ）です．

都道府県一ヵ所だけで登録電気工事業を営むときは次の書類を取り揃えて，都道府県知事に申請してください．

申請書類

（神奈川県知事登録の内容ですが，ほかもほぼ同様です）

- ☑ ① 登録電気工事業者登録申請書
- ☑ ② 誓約書
- ☑ ③ 主任電気工事士に関する誓約書（個人は申請者本人，法人は主任電気工事士が取締役以外の場合必要）
- ☑ ④ 雇用証明書（個人は申請者本人，法人の場合は主任電気工事士が取締役以外の場合必要）
- ☑ ⑤ 主任電気工事士等実務経験証明書

添付書類・確認書類など

- ☑ ⑥ 登録申請者の登記簿謄本（法人の場合必要）
- ☑ ⑦ 登録申請者の運転免許証・健康保険証いずれかの写し
- ☑ ⑧ 主任電気工事士などの電気工事士免状※（原本提示）
- ☑ ⑨ 手数料　新規登録は 22 000 円

※免状写しの原本提示のほか，主任電気工事士が第一種電気工事士免状取得者の場合，直近の定期講習受講日が 5 年以内であるかも確認が必要です．

※個人事業主が第二種電気工事士の場合，必要な書類は①②⑤⑦⑧となりますので，早めに集めましょう．⑤について，第二種電気工事士であれば免状取得後丸 3 年分以上の，登録電気工事業者での証明が必要です．

5 電気工事士のキャリア・アップと起業

登録電気工事業者登録申請書（記載例：いそご法務小竹事務所）

それでは当事務所で実際に夢電気工事（以下商号，個人名すべて仮称）から登録申請の代理を受任した際に作成した申請書のサンプルのご紹介となります。これらの申請書類と，45ページの⑦⑧⑨を添えて都道府県知事に申請します。

> 前提条件
> ●夢電気工事は個人事業主
> ●主任電気工事士は代表である，夢勝
> ●主任電気工事士資格は，第二種電気工事士
> ●登録申請は，平成3年2月1日

（注：夢電気工事に関する資料は，次ページ以降のケーススタディを含めて実際に許可申請した資料を商号，人物などを改変してテキスト化しております。44ページの図のとおり，住宅や工場・ビルで，一般用電気工作物や自家用電気工作物の配線や設備工事を行う場合は，登録電気工事業者の登録が必要ですが，自家用電気工作物のみの工事を行う場合は，登録は不要で，「電気工事業開始通知書」の提出が必要となります）

●夢電気工事の登録電気工事業者登録申請の流れ

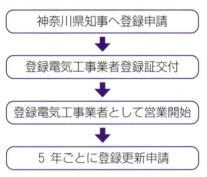

5.3 登録電気工事業者

都道府県知事

図5.3 登録電気工事業者登録申請書

①注意点

申請者の住所，氏名は運転免許証などに記載されたもの，日中の連絡先は携帯電話などの番号を記載します．印は，個人認印を押印します．「営業所の名称」の欄は，屋号があれば屋号，「所在の場所」の欄は，申請した住所と同じ場合は，「同上」と記載．それ以外の場所で事業を行っている場合は，その住所を記載します．

5 電気工事士のキャリア・アップと起業

都道府県知事

県様式第7号（電気工事業登録等関係事務処理要領）

誓約書

平成 3 年 2 月 1 日

神奈川県知事殿
（地域県政総合センター所長）

住所　横浜市南区東町1丁目2番地3

氏名又は
会社名　夢　勝　㊞
法人にあっ
ては代表者
の氏名

私（当社及び当社の役員）は、電気工事業の業務の適正化に関する法律第6条第1項第1号から第5号までに該当しない者であることを誓約いたします。

（備考）　1 この用紙の大きさは、日本工業規格A4とすること。

図5.4　誓約書

！注意点

〈登録の拒否〉

経済産業大臣または都道府県知事は登録申請者が電気工事業法の第6条第1項第1号から第5号までに該当する者や登録申請書もしくはその添付書類に重要な事項について虚偽の記載，または重要な事実の記載が欠けているときは，その登録を拒否しなければなりません．

5.3 登録電気工事業者

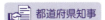

図 5.5　電気工事士免状確認書

!注意点

夢勝が電気工事士であることの免状と，本人確認の証明になります．

5 電気工事士のキャリア・アップと起業

県様式第11号（電気工事業登録等関係事務処理要領）

主任電気工事士等実務経験証明書

下記1の第二種電気工事士は、下記2の期間、担当業務により、電気工事に従事していた者に相違ありません。

平成 3 年 2 月 1 日

神 奈 川 県 知 事 殿
（地域県政総合センター所長）

証明者
登録番号又は届出受理番号	神奈川県知事届出　第 3333333 号
登録又は届出年月日	平成2年1月20日
登録当初年月日	昭和55年10月1日
住所	横浜市南区北町1丁目1番地
会社名	久美電設株式会社
代表者氏名	代表取締役　久美　毅　　㊞
会社の事業内容	電気設備工事

1　電気工事士

主任電気工事士の氏名	夢　勝
生　年　月　日	昭和36年5月1日
免 状 交 付 番 号	神奈川県第　2222222　号

2　電気工事に従事した期間・担当した業務

期　　　　　間	昭和62年7月1日～平成2年12月31日
担 当 し た 業 務	店舗・住宅の室内外配線工事・エアコン取り付け工事等

※　期間が複数にわたる場合は、余白部分か、別紙に、電気工事者が従事した期間・担当した業務を記載してください。

（備考）　1 この用紙の大きさは、日本工業規格A4とすること。

図 5.6　主任電気工事士等実務経験証明書

⚠注意点

「証明者」欄は第二種電気工事士の実務経験証明者の情報を記載します．印は，代表者印（登記印）を押印します．「1電気工事士」「2電気工事に従事した職歴」欄は，証明される第二種電気工事士の「氏名」「生年月日」「免状交付番号」を1に，電気工事に従事した「期間（免状取得後3年以上）」や「担当した業務」を2に記載します．

5.3 登録電気工事業者

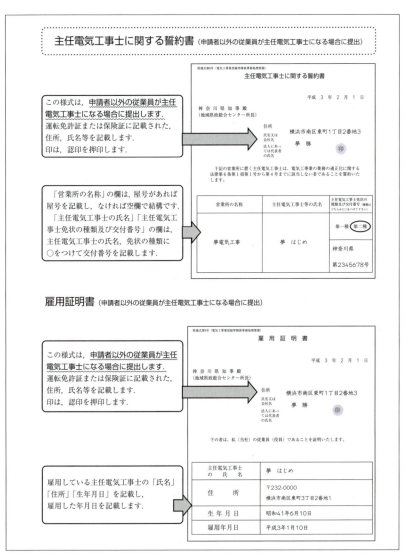

図5.7 主任電気工事士に関する誓約書，雇用証明書

!注意点

個人は申請者本人以外の場合，法人は取締役以外が主任電気工事士の場合に提出します。

以上の登録申請により，平成3年2月15日に登録が完了しました．登録後は，一件当たりの受注工事が500万円以下の小規模の仕事ながらも，少しずつ顧客との信頼関係を構築して参りました．

登録電気工事業者更新登録申請

夢電気工事は5年後の平成8年1月15日に登録電気工事業者の更新登録申請を都道府県知事に申請致しました．

この登録の有効期間が5年間であるため，5年ごとの更新登録申請が必要です．

前提条件
- ●夢電気工事は個人事業主
- ●主任電気工事士は代表である，夢勝
- ●主任電気工事士資格は，第二種電気工事士
- ●更新登録申請は，平成8年1月15日

更新登録申請添付資料一覧

（神奈川県知事登録の内容ですが，ほかもほぼ同様です）

☑ ① 登録電気工事業者更新登録申請書

☑ ② 誓約書

☑ ③ 主任電気工事士に関する誓約書※

☑ ④ 雇用証明書※

添付書類，確認書類など

☑ ⑤ 登録申請者の登記簿謄本（法人の場合必要）

☑ ⑥ 個人の運転免許証・健康保険証いずれかの写し

☑ ⑦ 主任電気工事士などの電気工事士免状（原本提示）

☑ ⑧ 登録電気工事業者登録証（新登録証交付のため）

☑ ⑨ 手数料12 000円

※個人は申請者本人，法人は主任電気工事士が取締役以外の場合必要

5.3 登録電気工事業者

📋 都道府県知事

図5.8 登録電気工事業者更新登録申請書

⚠️注意点

こちらの注意点は47ページで列挙のほか，更新登録申請ですので，「1 登録の年月日及び登録番号」を記載します。

こちらは，52ページの一覧⑧の登録電気工事業者登録証から正確に記入します。

5 電気工事士のキャリア・アップと起業

都道府県知事

県様式第7号(電気工事業登録等関係事務処理要領)

誓約書

平成 8 年 1 月 15 日

神 奈 川 県 知 事 殿
(地域県政総合センター所長)

住所　　　横浜市南区東町1丁目2番地3

氏名又は
会社名　　夢　勝

法人にあっ
ては代表者　　　　　　　　　　　　印
の氏名

　　　私(当社及び当社の役員)は、電気工事業の業務の適正化に関する法律第6条
　　第1項第1号から第5号までに該当しない者であることを誓約いたします。

(備考)　1 この用紙の大きさは、日本工業規格A4とすること。

図5.9　誓約書

①注意点

〈登録の拒否〉

48ページの注同様，経済産業大臣または都道府県知事は登録申請者が電気工事業法の第6条第1項第1号から第5号までに該当する者や登録申請書もしくはその添付書類に重要な事項について虚偽の記載，または重要な事実の記載が欠けているときは，その登録を拒否しなければなりません．

5.3 登録電気工事業者

 都道府県知事
 本人

電気工事士免状の写し添付
※原本提示

運転免許証または保険証の写し添付

登録電気工事業者登録証の原本を持参

図5.10　電気工事士免状確認書

①注意点

夢勝が電気工事士であることの免状と，本人確認の証明になります．

5 電気工事士のキャリア・アップと起業

都道府県知事

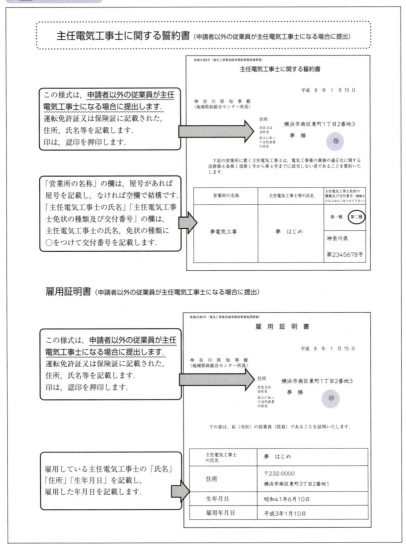

図5.11 第一種電気工事士確保に関する誓約書

①注意点

個人は申請者本人，法人の場合は取締役以外が主任電気工事士のときに提出します。

5.4　会社設立　〜個人事業から法人成りへ決意するとき〜

　さて，前項で登録電気工事業者の新規登録から更新までの一連の流れを説明したところで，個人事業を開始した電気工事士，夢勝さんも開業して早くも5年が経ち，それなりに仕事も軌道に乗ってきた頃，取引先の元請電気工事会社や，建築会社から「そろそろ一人親方は止めて現場作業員を雇って会社をつくってみたら？」とお声が掛かるようになりました．

　確かに，繁忙期になると複数の仕事が重なり合い，仕事をやりたくても断らざるを得なくなることなどがありました．このままでは，信用を落としかねませんし，いつまでも一人親方では自分が怪我でもしたら生活にも影響が出てしまうと考えるようになりました．

　しかも，最近では取引先や同業者の個人事業主も建設業界全体での社会保険未加入対策の問題から，今後は社会保険に加入しない業者は仕事が取れない，という話をよく聞くようになりました．
　確かに，公共工事やビル，工場の電気工事の現場に入る際は，元請業者から下請業者名簿や，作業員名簿とともに，社会保険の適用事業所番号や，現場作業員の健康保険番号まで書く欄が見られるようになりました．

　夢勝さんは個人事業主ですので，社会保険の加入は入りたくても適用除外となるので，制度上もやむを得ないはずですが，会社を設立して法人成りすれば，たとえ一人社長でも株式会社や合同会社を設立することができて，社会保険に加入することができるようになります．
　そこで夢勝さんは意を決して，今後の事業拡大のためにも会社設立に踏み切る決意を固めました．

Next Stage! SOON

5 電気工事士のキャリア・アップと起業

●会社の種類と特徴

現行法では，会社組織としては①株式会社，②合同会社，③合名会社，④合資会社の4種類を設立することができます．
（有限会社は平成18年の会社法の改正により新規で設立することができなくなりました）

まずは各会社の特徴をみてゆきましょう．

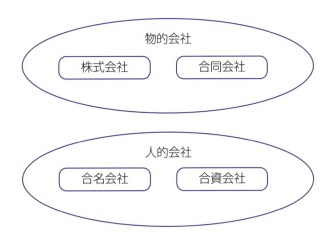

注：有限会社は新規設立✕
　　ただし，現存会社は特例として有効です．

① 株式会社

上場会社など，株式公開に適していて大規模の会社に相応しいように思われるかもしれませんが，度々の法改正により，現在は一人社長でも，資本金も1円から設立することが可能となり，中小企業においても現在最もポピュラーな会社組織といえます．

本来の株式会社の性質は，株式を発行して，不特定多数の株主から資金を調達して，事業の拡大を図り，そこで獲得した収益を株主の持ち株数に応じて利益配当し，毎年の定時株主総会では多くの株主の意

見を聞きながらそれを経営に生かす「公開会社」がスタンダードです.

つまり，代表取締役や取締役である「経営陣」と会社経営には携わらないが，会社の株を所有して利益配当に関心のある「株主」からそれぞれ成り立つ関係となります．これを古くから「所有と経営の分離」と呼びます.

しかし，一方で中小企業に目を向けると，株式を不特定多数の第三者には公開せずに，原則経営陣が自ら保有して，株式を譲渡するには取締役会あるいは株主総会の決議を要するなど，経営陣も同族で固めるなど，閉鎖的な組織体制により逆に安定永続的な経営に適している企業が日本の会社の9割に達しております．これを，上述の「公開会社」と異なり，「非公開会社」と呼びます．なお公開会社も非公開会社も株主の責任自体は出資の範囲において責任を負うにとどまり，これを「有限責任」と言います.

本書でも，「非公開会社」である株式会社夢電気工事を前提に，会社設立およびその後の建設業許可の説明を進めて参ります.

② 合同会社

合同会社はアメリカやイギリスにおけるLLC（Limited Liability Company）を参考にして制度化されました．株式会社と比較すると，経営体制は「非公開会社」によく似ております．合同会社の構成員は，「社員」と定義されて，基本的に会社の定款（商号や営業目的，本店の所在地，社員の氏名または名称など）の変更手続きには社員全員一致で行うなど，社員自らが会社の経営に関わるので，株式会社とは異なり「所有と経営の一致」といえる組織形態と言えるでしょう.

また，株式会社と比較すると株主総会や取締役会や決算公告の必要がない，社員に任期の定めがないなど，事務作業や会社運営のコスト

も掛かりません.

その代わりに, 利益配当に関する定めは定款に記載しなければ効力が生じないので注意が必要です.（定款の相対的記載事項）

また, 社員全員が間接有限責任を負う有限責任社員であることは, 株式会社の株主と共通です.

さらに合同会社設立費用は株式会社に比べて印紙代だけでも最低で前者は6万円, 後者は15万円と格安感がありますが, 代表者はあくまで代表社員であり,「代表取締役」と登記はできません.

③　合名会社

合名会社の構成員である社員は会社の債権者に対して, 出資額に関係なく無限の連帯責任を負います.（これを無限責任と言います）

この点が株式会社の株主, 合同会社の社員の特徴である「有限責任」との最大の相違点となります.

例えば, 会社が多額の負債を返済し切れなくなって万一倒産した場合には, ここでの社員は各自の出資額にかかわらず, 全責任を取らなくてはならないので, その観点からしますと, 会社とはいえ個人事業主と性質が異ならない形となります.

また, 出資自体も金銭に限らず, その他財産, 労務信用なども可能となりますが, 現在ではほとんど新規設立されるケースは見られません.

先祖代々から継承された「のれん」を希少価値とする商店において, 散見される程度になってきております.

④　合資会社

合資会社は, 有限責任社員と, 無限責任社員から構成される会社です. 設立をするには, 少なくとも各1名の社員が必要となります.

5.4　会社設立　〜個人事業から法人成りへ決意するとき〜

　出資に関しては，有限責任社員は金銭その他財産，無限責任社員はそれらに加えて，労務や信用も可能となります．
　こちらの会社も新規の設立はほとんど見られなくなってきております．

※結論　株式会社か，合同会社を検討する！

> 　電気工事に関する登録業者（みなしを含む）が個人事業主から会社設立（いわゆる法人成り）を検討される場合は，今後の資金融通や役員構成，適正な収益や納税に基づく決算報告，許認可申請をかんがみれば，株式会社，少なくとも合同会社が適していると言わざるを得ません．

Story　株式会社か合同会社か

　夢勝は，会社設立について実は悩んでおりました．
　すでに述べましたように，物的会社である合名会社，合資会社はいずれも無限責任社員が必要などの，債権者や取引先に対する会社の責任の所在については，あまり個人事業時代とイメージが変わらない，新規の設立自体がほとんど見られないといった現状からしても，選択肢から外すのに時間は掛かりませんでした．
　しかしながら，物的会社である株式会社と合同会社のいずれを選択すればよいのか？　なかなか決心がつかなかったのです．
　例えば，夢勝が代表者で会社を設立するからには「代表取締役」の肩書きは欲しいから，「代表社員」にしかなれない合同会社は考えから外すつもりでも，株券も発行しないのに株式会社にすれば会社設立時の資本金の提供者として（しかも現在は一円から資本金にできる）「株主」となるのも少なからず言葉の上であっても抵抗がありました．まして，「株主総会」を今後役員を増やしたり，商号や本店，営業目的を変えるごとに，また「取締役会」を代表者を変えたり，任期ごとに改選手続きを開催しなければならないと人から聞いたときに，気が遠くなる思いがしたからです．
　しかし，会社設立の相談をした行政書士によると，小規模同族会社の場合は比較的株主総会や取締役会は招集手続きなどは要せず，書面手続き中心であり，議案を伝えれば専門家が作成した議事録をしっかり確認して押印すればよいことを知りました．
　さらに，電気工事などの建設業関係の場合は社長の名刺を「代表社員」とするよりも，相変わらず「代表取締役」「代表取締役社長」とする方が営業の上でも対外的に問題が少ないのではないか？　との提案も受け，すんなり株式会社設立に踏み切ったのです．

5 電気工事士のキャリア・アップと起業

●株式会社設立手続（非公開会社）

いよいよ個人事業主で，登録電気工事業者である夢電気工事，夢勝代表は株式会社化する決意をしましたので，今後の電気工事に関する許認可を踏まえて，設立手続きの説明を進めてまいります．

□今回の新会社設立の諸条件（リクエスト）は以下のとおりとします．

> ●商号は，個人事業主からの屋号を継続したい．
> ●本店は，当面今までどおりの自宅とする．
> ●営業目的は，建設業許可でも問題のない形としたい．
> ●役員構成は代表取締役を夢勝，取締役を配偶者にしたい．
> ●資本金や，決算期，公告の方法その他は，専門家の意見を参考にしたい．

①注意点

実は，おなじ株式会社設立と言いましても，百社百様のパターンがあります．しかも，今後建設業許可などの許認可を前提とした場合，定款に記載すべき営業目的の特定や，資本金の金額，決算期をいつにすべきか？　ほかに定款に記載すべき事項は？　などなど，困惑すべき面が多々あることも現実です．この初期対応を誤りますと，会社設立手続きが無事に完了したものの，建設業許可申請時に営業目的が許認可で求められる記載に不足しますと，定款変更（正確には営業目的の変更）が早速必要となります．少なくとも3万円の印紙代が発生する，あるいは役員の構成についても，許認可の要件（建設業許可では経営業務の管理責任者）に足りる人材が不足すると別途株主総会を開催して就任手続きが必要になるなど，不測の事態が発生して許認可申請が遅滞する場合がよく散見されますので，ご注意ください．

5.4 会社設立 〜個人事業から法人成りへ決意するとき〜

●株式会社設立の流れ

[1] 会社基本的事項の決定（商号，営業目的，本店，役員，資本など）

[2] 定款の作成および会社印鑑（登録印）の作成

[3] 定款の認証（公証役場で認証．原始定款という）

[4] 申請書類の作成（議事録，就任承諾書や各種申請書類）

[5] 資本金の払込み（株主が自らの口座に振り込み）

[6] 管轄の法務局に申請（約1〜2週間で完了）

[7] 登記簿謄本，印鑑証明書の交付

[8] 事後手続（法人預金口座開設，税務署や他自治体へ開設届）

※以上で設立手続きは完了となります．

　それでは［1］の会社基本的事項の決定に合わせて，次の相談表を用いて，手続きの必要事項と必要書類を検討してみましょう．

5 電気工事士のキャリア・アップと起業

株式会社設立相談表

（以下、必要事項をご確認の上、ご準備下さい。）

商号	
本店所在地	
連絡先	Ｔｅｌ　　（　　）
代表取締役 及び取締役 （1名でも可）	・ ・ ・
監査役（任意）	・
資本金	金　　　　　　　　円（1円より可）
取締役会	設ける・設けない
営業目的	1. 2.
備考	＠決算期　Ｈ　　．．〜Ｈ　　．．　（第一期） ＠出資者
必要書類	①会社ゴム印・実印（商号確定迄お待ち下さい） ②代表者の実印・印鑑証明書2通 ③取締役の実印・印鑑証明書1通 　（印鑑証明は予め Fax 願います。） ④払込銀行　　　　　　銀行　　　　支店

平成　　年　　月　　日

横浜市磯子区東町 15-32 モンビル 503
いそご法務　小竹行政書士事務所
代表行政書士　小竹一臣
ＴＥＬ045-754-8955　ＦＡＸ045-754-8959

図 5.12　株式会社設立相談表

①注意点

本相談表は，著者の事務所にて実際に使用しているものを例示しております．ポイントは，営業目的は事業内容が確定済み，事業予定のものは記載するべきです．しかし，あれこれ入れ過ぎると見た目も煩雑となり，「何が本業なのか？」わかりにくくもなります．また，営業目的の第一番目は会社の「看板」となる事業とするのが一般的です．

5.4 会社設立 〜個人事業から法人成りへ決意するとき〜

●設立相談表の内容の確定

新会社設立内容が次のとおり確定しました．この内容を基に，定款や関係書類を作成する形となります．

また，株式会社ですので，定款は公証役場での認証が必要です．

●公証役場について

公証役場とは，公証人が執務する公証業務を行う公的機関（法務省・法務局所管）であり，全国で約300ヵ所あります．

公証役場に執務する公証人は，原則30年以上の実務経験を有する法律実務家の中から，法務大臣が任命する公務員になります．

その多くは，司法試験合格後に司法修習生を経て，30年以上の実務経験を有する法曹有資格者から任命されます．

公証人は遺言や任意後見契約，債務弁済契約などの公正証書の作成，会社などの設立の際の定款の認証，私文書の確定日付の付与など，公証業務を行う公的機関（法務省・法務局所管）であり，中立・公正な法的に有効確実な書面を残すことにより，依頼者の法的な不安や争いを未然に防ぐ役割を担っております．

とくに，少子高齢化社会の進展に伴って，近年相続については，遺言書の作成はとても重要ですが，自筆証書以外に，遺言公正証書を作成される方がますます増加しています．自筆証書は全文遺言者が自筆せねばならず，将来紛失毀損の心配がありますが，遺言公正証書であれば公証人と証人（遺言者の親族以外の者．行政書士など専門家が関与する場合があり）が関与した形式になり，たとえ遺言者が遺言書を紛失しても公証役場でデータを保存してありますので，後日の心配は少なくなります．ちなみに，公証人の公正証書作成や定款認証の手数料については，「公証人手数料令」という政令に従って算定されますので，全国どこの公証役場であっても同額になっています．

なかなか日常生活の場において，公証役場を利用する機会はないと思われがちですが，会社設立の際の定款認証や遺言公正証書作成の際は必ず利用する必要がある公的機関になります．

5 電気工事士のキャリア・アップと起業

株式会社設立相談表

(以下、必要事項をご確認の上、ご準備下さい。)

商号	株式会社　夢電気工事
本店所在地	横浜市南区東町1丁目2番地3
連絡先	℡045（341）00000
代表取締役 及び取締役	・代表取締役　夢　勝 ・取締役　　　夢　光子
監査役（任意）	・不要
資本金	金　500万（1円より可）
取締役会	設けない
営業目的	1．電気工事業 2．前号に附帯する一切の業務
備考	@決算期　H21.10.～H22.9.30（第一期） @出資者　夢　勝
必要書類	①会社ゴム印・実印（商号確定迄お待ち下さい） ②代表者の実印・印鑑証明書2通 ③取締役の実印・印鑑証明書1通 （印鑑証明は予め Fax 願います。） ④払込銀行　○○　銀行　△□　支店

平成21年10月10日

横浜市磯子区東町 15-32 モンビル 503
いそご法務　小竹行政書士事務所
代表行政書士　小竹一臣
ＴＥＬ045-754-8955　ＦＡＸ045-754-8959

図 5.13　株式会社設立相談表（記入例）

5.4　会社設立　〜個人事業から法人成りへ決意するとき〜

❗注意点

会社設立確定事項は以下のとおりです．
① 　商号は個人事業時代の屋号
② 　本店は代表者の住所
③ 　資本金は，会社設立後申請予定の建設業許可の資産要件（500万円以上の資金調達能力）を鑑み，会社設立時の資本金で充足を試みています．ただし，第一期決算期末日までがその有効期間となります．（決算期末日を徒過すると，同額以上の残高証明書などが必要．）
④ 　営業目的は，本業である電気工事業のみとしております．

●定款の作成

　[●設立相談表の内容の確定]の後，いよいよ会社の根幹となる定款を作成します．定款の原案が決まりましたら，会社法と照らし合わせて問題がないか？　公証役場で公証人の認証が必要となります．
　今回は著者が定款作成他認証手続きの代理を致しましたので，下記の権限の※委任状を作成致しました．読者がご本人で申請される場合は，委任状は不要となります．
　※登記申請の際は別途司法書士への委任状が必要となります．

　株式会社夢電気工事の定款の認証までの流れは63ページの図のとおりです．（以下，再掲）

［１］　会社基本的事項の決定（商号,営業目的,本店,役員,資本など）

［２］　定款の作成および会社印鑑（登録印）の作成

［３］　定款の認証（公証役場で認証．原始定款という）

5　電気工事士のキャリア・アップと起業

委　任　状　（公証人提出用サンプル）

（受任者）　横浜市磯子区東町 15 番 32 号モンビル 503 号室
　　　　　　いそご法務　小竹行政書士事務所
　　　　　　　　　　　　行政書士　小竹　一臣
　　　　　　　　　　　　登録番号　第―――――号
　　　　　　　　　　　　電話番号　045-754-8955

私は，上記の者を代理人と定め，下記に関する権限を委任します．

記

1　株式会社夢電気工事の設立に際し，添付のとおり電磁的記録である電子定款を作成する手続及び横浜地方法務局所属公証人による認証に関する一切の件．
2　同定款の保存及び謄本の作成交付嘱託に関する一切の件．
3　復代理人の選任に関する一切の件．

平成 21 年 10 月 15 日

　　　　　　　　　　（商　号）　株式会社夢電気工事
　　　　　　　　　　（住　所）　横浜市南区東町 1 丁目 2 番地 3
　　　　　　　　　　発起人　　夢　　勝　　㊞

図 5.14　委任状（公証人提出用サンプル）

！注意点

定款認証（電子定款）用の委任状です．押印する印鑑は発起人である夢勝の個人実印（印鑑証明書の登録印）となっております．

5.4 会社設立 〜個人事業から法人成りへ決意するとき〜

委　任　状（設立手続用サンプル）

横浜市磯子区東町 15 番 32 号モンビル 503 号室
　　いそご法務　小竹行政書士事務所
　　　　　　　行政書士　小竹　一臣
　　　　　　　登録番号　第————号
　　　　　　　電話番号　045-754-8955

私は，上記の者を代理人と定め，下記に関する権限を委任します．

記

1. 当会社の設立手続に関する一切の件

平成 21 年 10 月 15 日

　　　　　　　（本　店）　横浜市南区東町 1 丁目 2 番地 3

　　　　　　　（商　号）　株式会社夢電気工事

　　　　　　　（代表取締役）　夢　　勝　

図 5.15　委任状（設立手続用サンプル）

！注意点

会社設立手続（ただし，定款・議事録などの作成）の委任状です．
こちらは，当事務所への書類作成上の委任行為であり夢勝の個人実印を押印する必要はありません．

5 電気工事士のキャリア・アップと起業

📇 法務局

株式会社夢電気工事

定　款　（表紙サンプル）

第1章　総　則

（商　号）
第1条　当会社は，株式会社夢電気工事と称する．

（目　的）
第2条　当会社は，次の事業を営むことを目的とする．
1．電気工事業
2．前号に附帯する一切の業務

（本店の所在地）
第3条　当会社は，本店を横浜市に置く．

（公告の方法）
第4条　当会社の公告は，官報に掲載してする．

第2章　株　式

（発行可能株式の総数）
第5条　当会社の発行可能株式総数は，200株とする．

（株　券）

図5.16　定款

① **注意点**

第1条，第2条は66ページの株式会社設立相談表で確定した商号と営業目的となっております．また，第3条は本店所在地を横浜市に置くとして，相談表のように住所としておりません．その理由は，将来横浜市内で本店移転するような場合に，住所ではその都度定款変更手続が必要となるからです．

5.4 会社設立 〜個人事業から法人成りへ決意するとき〜

第6条　当会社の株式については株券を発行しない.

（株式の譲渡制限）
第7条　当会社の発行する株式は，すべて譲渡制限株式とし，これを譲渡によってするには，株主総会の承認を要する. ただし，当会社の株主に譲渡する場合は承認があったものとみなす.

（株式等の割当てを受ける権利を与える場合）
第8条　当会社の株式（自己株式の処分による株式を含む.）及び新株引受権を引き受ける者の募集において，株主に株式又は新株引受権の割当てを受ける権利を与える場合には，その募集事項，株主に当該株式又は新株予約権の割当てを受ける権利を与える旨及び引受けの申込みの期日は取締役の決定によって定める.

（株主名簿記載事項の記載等の請求）
第9条　当会社の株式取得者が株主名簿記載事項を株主名簿に記載又は記録することを請求するには，当会社所定の書式による請求書に株式取得者とその取得した株式の株主として株主名簿に記載され，若しくは記録された者又はその相続人その他一般承継人が記名押印し，共同して提出しなければならない. 法務省令の定める事由による場合は，株式取得者が単独で請求することができ，その場合には，その事由を証する書面を提出しなければならない.

（質権の登録および信託財産の表示）
第10条　当会社の株式につき質権の登録または信託財産の表示を請求するには，当会社所定の書式による請求書に当事者が署名又は記名押印して，提出しなければならない. その登録又は表示の抹消につい

図5.16　定款（続き）

！注意点

第7条（株式の譲渡制限）は，株式会社夢電気工事が非公開会社であることを表しております. つまり，59ページ中段で述べたとおり，株式を不特定多数の第三者には公開せずに，原則経営陣が保有して株式を譲渡するには株主総会の決議を必要としております.

5 電気工事士のキャリア・アップと起業

ても同様とする.

（手数料）
第11条　前二条に定める請求をする場合には，当会社所定の手数料を支払わなければならない.

（基準日）
第12条　当会社は，毎事業年度末日の最終の株主名簿に記載又は記録された議決権を有する株主をもって，その事業年度に関する定時株主総会において権利を行使することができる株主とする.
　2　前項のほか，株主又は登録株式質権者として権利を行使することができる者を確定するため必要があるときは，取締役はあらかじめ公告して，臨時に基準日を定めることが出来る.

第3章　株主総会

（招　集）
第13条　当会社の定時株主総会は，毎事業年度の末日の翌日から3か月以内に招集し，臨時株主総会は，その必要がある場合に随時これを招集する.

（招集権者及び議長）
第14条　株主総会は法令に別段の定めがある場合を除き，取締役の決定により取締役社長がこれを招集し，議長となる.
　2　取締役社長に事故があるときは，他の取締役が株主総会を招集し，議長となる.

図5.16　定款（続き）

①注意点

第12条（基準日）は，定時株主総会において権利行使者を定める条項ですが，この規定は定款相対的記載事項とされ，絶対的記載事項とは異なり定款に記載せずとも定款自体の効力は有効ですが，定款に定めがないと，その事項の効力が認められない事項です．その他70ページ第4条（公告の方法）などがあります.

5.4　会社設立　〜個人事業から法人成りへ決意するとき〜

（決議の方法）
第15条　株主総会の決議は，議決権を行使することができる株主の過半数を有する株主が出席し，出席した株主の議決権の過半数をもって行う．

（総会議事録）
第16条　株主総会における議事の経過の要領及びその結果並びにその他法令に定める事項は，議事録に記載又は記録し，議長及び出席した取締役がこれに署名若しくは記名押印又は電子署名をし，10年間本店に備え置く．

第4章　取締役及び代表取締役

（取締役の員数）
第17条　当会社は取締役5名以内を置く．

（代表取締役及び社長）
第18条　当会社の取締役が2名以上ある場合は，そのうち1名を代表取締役とし，株主総会の決議によってこれを定める．
　2　取締役が2名以上ある場合は代表取締役を，取締役が1名の場合は当該取締役を社長とする．

（取締役の選任）
第19条　当会社の取締役は，株主総会において議決権を行使することができる株主の議決権の3分の1以上を有する株主が出席し，出席した当該株主の議決権の過半数によって選任する．
　2　当会社の取締役の選任については，累積投票によらないものと

図5.16　定款（続き）

①注意点

第15条は株主総会の普通決議要件の条項です．株主総会の決議に必要な出席株主の定足数と，決議に必要な議決権の数を定めています．（会社法第309条）また，第19条では第15条と異なり，定款の定めにより定足数を緩和しております．（会社法第341条）

73

5　電気工事士のキャリア・アップと起業

する．

（取締役の解任方法）
第20条　取締役の解任決議は，議決権を行使することができる株主の議決権の過半数を有する株主が出席し，その議決権の3分の2以上の多数をもって行う．

（取締役の任期）
第21条　取締役の任期は，選任後4年以内に終了する事業年度のうち最終のものに関する定時株主総会の終結の時までとする．
　　2　補欠又は増員で選任した取締役の任期は，現任取締役の任期の満了すべき時までとする．

（報酬および退職慰労金）
第22条　取締役の報酬および退職慰労金は，株主総会の決議をもって定める．

第5章　計　算

（事業年度）
第23条　当会社の事業年度は，毎年10月1日から翌年9月30日までとする．

（剰余金の配当）
第24条　剰余金の配当は，毎事業年度末日現在の最終の株主名簿に記載又は記録された株主及び登録株式質権者に対して行う．
　　2　剰余金の配当がその支払開始の日から満3年を経過しても受領

図5.16　定款（続き）

①注意点

第20条（取締役の解任方法）は，第19条の普通決議と異なり，解任決議の慎重を期すために議決権を定款で加重しております．ただし，現在の会社法ではこのように定款で定めなければ解任決議も普通決議となります．

5.4 会社設立 ～個人事業から法人成りへ決意するとき～

されないときは，当会社はその支払の義務を免れるものとする．

第6章 附 則

（設立に際して発行する株式）
第25条 当会社の設立時発行株式の数は100株とし，その発行する価格は1株につき金5万円とする．

（設立に際して出資される財産の価額及び資本金）
第26条 当会社の設立に際して出資される財産の価額は金500万円とする．
　2　当会社の成立後の資本金は金500万円とする．

（最初の事業年度）
第27条 当会社の最初の事業年度は，当会社設立の日から平成22年9月30日までとする．

（設立時取締役）
第28条 当会社の設立時取締役は，次のとおりとする．
　取締役　夢　　勝　　　取締役　夢　光子

（発起人の氏名，割当を受ける株数及びその払込金額）
第29条 発起人の氏名，住所及び設立に際して割当を受ける株数並びに株式と引き換えに払い込む金額は，次のとおりである．

　横浜市南区東町1丁目2番地3
　氏名　夢　　勝　　　株式100株　金500万円

図5.16　定款（続き）

①注意点

発起人夢勝は，遅滞なく，設立時取締役を選任しなければならず，定款で設立時取締役として定められた夢勝と夢光子は，出資の履行が完了したときに，設立時取締役として就任承諾書を作成します．

5 電気工事士のキャリア・アップと起業

（定款に定めのない事項）
第 30 条　本定款に定めのない事項は，すべて会社法その他の法令の
定めるところによる．

以上　株式会社夢電気工事設立のため，発起人夢勝の定款作成代理人
である行政書士小竹一臣は電磁的記録である本定款を作成し，電子署
名をする．

　平成 21 年 10 月 16 日

　　　　　　　　　　　　　　　　　　　　　　発起人　夢　　　勝

　上記発起人夢勝の定款作成代理人
　　横浜市磯子区東町 15 番 32 号モンビル 503
　　行政書士　小竹　一臣
　　登録番————————号

図 5.16　定款（続き）

①注意点

株式会社夢電気工事設立のため，著者が発起人夢勝より定款作成代理人とし
て定款作成手続に及んだ旨が明記されております．

5.4　会社設立　～個人事業から法人成りへ決意するとき～

●その他の必要書類の作成

法務局　　　　　　　　　　　　　　　　　　　　本人

就任承諾書（サンプル）

　私は，平成21年10月16日作成の原始定款において，取締役として定められましたが，本日その就任を承諾いたします．

平成21年10月16日

（住　　所）　横浜市南区東町1丁目2番地3

（氏　　名）　夢　　勝　㊞

株式会社夢電気工事　御中

図5.17　就任承諾書（サンプル）

！注意点

定款で選任された株主である役員が就任した今回のようなケース（発起設立）では，実務では就任承諾書に各自署名と個人の実印を鮮明に押印します．

5 電気工事士のキャリア・アップと起業

 法務局　　　　　　　　　　　　　　　　　本人

就任承諾書（サンプル）

　私は，平成21年10月16日作成の原始定款において，取締役として定められましたが，本日その就任を承諾いたします．

平成21年10月16日

　　　　　　　（住　所）　横浜市南区東町1丁目2番地3

　　　　　　　（氏　名）　夢　　光子　㊞

株式会社夢電気工事　御中

図5.18　就任承諾書（サンプル）

①注意点

以上で，取締役の就任に関する手続きまで進行いたしました．
なお，就任に関する真正の担保のために，各自印鑑証明書の添付が必要です．

5.4 会社設立 ～個人事業から法人成りへ決意するとき～

法務局

発起人会議事録（サンプル）

　平成 21 年 10 月 16 日株式会社夢電気工事創立事務所において発起人全員出席し，その全員の一致の決議により次のように本店所在地を決定した．

　本　店　横浜市南区東町 1 丁目 2 番地 3

　上記決定事項を証するため，発起人の全員は，次のとおり記名押印する．

　平成 21 年 10 月 16 日

　　　　　　　　　　　　　　　　　株式会社夢電気工事

　　　　　　　　　　　　　　　　　　発起人　夢　　勝　

図 5.19　発起人会議事録（サンプル）

①注意点

発起人は一名ですが，議事録を作成して添付します．

5 電気工事士のキャリア・アップと起業

設立時代表取締役選定決議書（サンプル）

　平成 21 年 10 月 16 日株式会社夢電気工事創立事務所において，発起人全員出席し，その全員の一致の決議により次のように設立時代表取締役を選定した．
　なお，被選定者は即時その就任を承諾した．

　　　設立時代表取締役　夢　　勝

　上記設立時代表取締役の選定を証するため，発起人の全員は，次のとおり記名押印する．

　　　平成 21 年 10 月 16 日

　　　　　　　　　　　　　株式会社夢電気工事

　　　　　　　　　　　　　　発起人　夢　　勝　㊞

図 5.20　設立時代表取締役選定決議書（サンプル）

！注意点

発起人が代表取締役をここで選定決議しています．

5.4 会社設立 ～個人事業から法人成りへ決意するとき～

法務局　　　　　　　　　　　　　　　　　　　本人

証　明　書（サンプル）

当会社の設立時発行株式については以下のとおり，全額の払込みが
あったことを証明します．

設立時発行株式数　　　　100 株
払込みを受けた金額　金 500 万円

平成 21 年 10 月 20 日

株式会社夢電気工事

設立時代表取締役　夢　　勝　㊞

図 5.21　証明書（サンプル）

⚠注意点

実際は，資本金を振込した銀行口座の記帳面の写しと一緒につづり，証明し
ます．

5 電気工事士のキャリア・アップと起業

資本金の額の計上に関する証明書（サンプル）

① 払込みを受けた金銭の額（会社計算規則第43条第1項第1号）

金 500 万円

② 給付を受けた金銭以外の財産の給付があった日における当該財産の価額（会社計算規則第43条第1項第2号）

金 0 円

③ ①＋② 金 500 万円

資本金 500 万円は，会社法第 445 条及び会社計算規則第 43 条の規定に従って計上されたことに相違ありません．

平成 21 年 10 月 20 日

株式会社夢電気工事

設立時代表取締役　夢　　勝　㊞

図 5.22　資本金の額の計上に関する証明書（サンプル）

①注意点

設立に際して出資される財産が金銭のみの場合は，資本金の計上に関する証明書の添付は不要です．
以上で会社設立の準備は整いました．あとは会社の印鑑届出書や添付書類を添えて，本店所在地の管轄法務局に申請します．

5.4 会社設立 〜個人事業から法人成りへ決意するとき〜

登記簿謄本（履歴事項全部証明書）（サンプル）は次のとおりです.

履 歴 事 項 全 部 証 明 書

横浜市南区東町1丁目2番地3
株式会社夢電気工事

会社法人等番号	1234-56-7890000
商　　号	株式会社夢電気工事
本　　店	横浜市南区東町1丁目2番地3
公告をする方法	当会社の公告は、官報に掲載してする。
会社成立の年月日	平成21年10月30日
目　　的	1.　電気工事業 2.　前号に附帯する一切の業務
発行可能株式総数	200株
発行済株式の総数 並びに種類及び数	発行済株式の総数 100株
資本金の額	金500万円
株式の譲渡制限に 関する規定	当会社の発行する株式は、すべて譲渡制限株式とし、これを譲渡によって取得 するには、株主総会の承認を要する。ただし、当会社の株主に譲渡する場合は 承認があったものとみなす。
役員に関する事項	取締役　　　夢　勝
	取締役　　　夢　光　子
	横浜市南区東町1丁目2番地3 代表取締役　夢　勝
登記記録に関する 事項	設立 　　　　　　　　　　　　　　　　平成21年10月30日登記

これは登記簿に記録されている閉鎖されていない事項の全部であることを証明
した書面である。
（横浜地方法務局管轄）
　　　　　　　平成21年11月10日
　　　横浜地方法務局
　　　登記官　　　　　　　　　　　　　　法務　太郎

整理番号　C070 ――　　　＊ 下線のあるものは末梢事項であることを示す。　　　1／1

図5.23　履歴事項全部証明書

！注意点

以上で，会社設立手続きが完了いたしました.

5　電気工事士のキャリア・アップと起業

　この履歴事項全部証明書は，次ページ以降の税務署への法人設立届や，金融機関の口座開設，建設業許可の申請手続などに必ず必要となる書類です．これは，手数料（1通600円）を払えば誰でも取得できます．

　いよいよ会社設立手続きまで完了しましたら，個人事業の開業届時同様，以下の届出を管轄の官公庁に提出いたします．

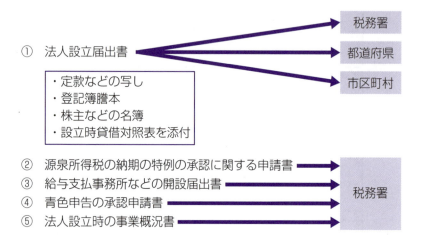

　※①は主として課税，②④は納税の特例申請，③給与支払事務，⑤事業概要の告知のために各管轄官庁に提出する書式となります．次ページ以降，株式会社夢電気工事の実例をご紹介します．

5.4 会社設立 ～個人事業から法人成りへ決意するとき～

法 人 設 立 届 出 書　　※ 整理番号

税務署受付印	本店又は主たる 事務所の所在地	横浜市南区東町1-2-3 電話　045-341-00000
平成21年11月30日	納　税　地	同上
	（フ リ ガ ナ）	カブシキガイシャユメデンキコウジ
横浜南	法　人　名	株式会社 夢電気工事
税務署長殿	法 人 番 号	1 2 3 4 5 6 7 8 9 0 0 0 0
	（フ リ ガ ナ）	ユメマサル
新たに内国法人を設立した ので届け出ます。	代 表 者 氏 名	夢 勝　　　　　㊞
	代 表 者 住 所	同上

設 立 年 月 日	平成21年10月30日	事 業 年 度	自 10月1日	至 9月30日
設立時の資本金 又は出資金の額	5,000,000 円	消費税の新設法人に該当することとなった 事業年度開始の日		年 月 日

事業の目的

（定款等に記載しているもの）電気工事業

（現に営んでいるもの又は営む予定のもの）電気工事業

支店・出張所・工場等	名　称		所在地	
		電話（ ）		－
		電話（ ）		－
		電話（ ）		－
		電話（ ）		－

設 立 の 形 態

1　個人企業を法人組織とした法人である場合
2　合併により設立した法人である場合
3　新設分割により設立した法人である場合（□分割型・□分社型・□その他）
4　現物出資により設立した法人である場合
5　その他（　　　　　　　　）　　㊞㊞

設立の形態が1～4 である場合の設立前 の個人企業、合併に より消滅した法人、 分割法人又は出資者 の状況	事業主の氏名、合併により消滅した法人の名称、 分割法人の名称又は出資者の氏名、名称	納　税　地	事 業 内 容 等
	夢 勝	同上	電気工事業

設立の形態が2～4である場合の適格区分	適 格 ・ その他	

事業開始（見込み）年月日	平成 21 年 10 月 30 日	添 付 書 類
「給与支払事務所等の開設届出書」 提出の有無	㊞ ・ 無	

関与税理士	氏　名	税務　太郎
	事業所所在地	

添付書類
1 定款等の写し
2 登記事項証明書
3 株主等の名簿
4 設立趣意書
5 設立時の貸借対照表
6 合併契約書の写し
7 分割計画書の写し
8 その他（　　　）

設立した法人 が連結子法人 である場合	連結親法人名			
	連結親法人の 納税地	〒　　　　　　　電話（ ） －		所轄税務署
	「完全支配関係を有することになった旨等を記載した 書類」の提出年月日	連結親法人 年 月 日	連結子法人 年 月 日	

税理士署名押印	税務　太郎　　　　㊞

※税務署 処理欄	部 門	決算 期	業種 番号	番 号	入 力	名 簿	通信 日付印 年 月 日	確認 印

29.06改正

図5.24　法人設立届出書

①注意点

税務署に新たな法人を設立したことを届け出る様式となります.

今後主として法人税，消費税が課されることになります.

5 電気工事士のキャリア・アップと起業

図5.25 法人設立届出書

①注意点

都道府県に新たな法人を設立したことを届け出る様式となります.

神奈川県の場合，今後主として法人事業税，法人県民税が課されることとなります.

5.4 会社設立 ～個人事業から法人成りへ決意するとき～

図 5.26 法人設立届出書

⚠注意点

市町村に新たな法人を設立したことを届け出る様式となります.
横浜市の場合，今後主として法人市民税が課されることになります.

5 電気工事士のキャリア・アップと起業

株式会社　夢電気工事

株主名簿

氏名	住所	出資株式数
夢　勝	横浜市南区東町1-2-3	普通株式100株

設立時貸借対照表

（単位：円）

借方	金額	貸方	金額
現金・預金	5,000,000	資本金	5,000,000
合計	5,000,000	合計	5,000,000

図 5.27　株主名簿・設立時貸借対照表

① 注意点

会社設立時の株主と，資産を表す開始貸借対照表になります．
後者は，現金と資本金のみの貸借対照表になります．

5.4 会社設立 ～個人事業から法人成りへ決意するとき～

図 5.28 源泉所得税の納期の特例の承認に関する申請書

①注意点

源泉所得税は，原則として徴収した日の翌月 10 日が納期限となっていますが，この申請により，給与の支給人員が常時 10 人未満である源泉徴収義務者が，給与や退職手当，税理士などの報酬・料金について源泉徴収をした所得税および復興特別所得税について，年 2 回にまとめて納付できるという特例制度を受けるために行う手続です．（国税庁ホームページより）

5 電気工事士のキャリア・アップと起業

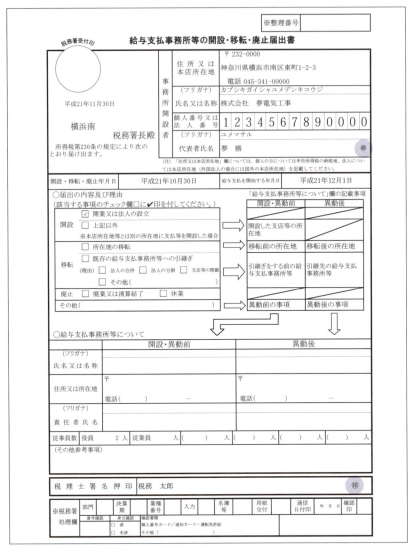

図5.29 給与支払事務所等の開設・移転・廃止届出書

> **!注意点**

給与などの支払事務を取り扱う事務所などを開設した日から1ヵ月以内にその給与支払事務所などの所在地の所轄税務署長に提出します．
仮に法人で社長以外に従業員がいない場合でも，法人から社長に給料を支払うので，この書類を税務署に提出する必要があります．

5.4 会社設立 〜個人事業から法人成りへ決意するとき〜

図 5.30 青色申告の承認申請書

⚠注意点

法人税の確定申告書，中間申告書などを青色申告書によって提出することの承認を受けようとする際の申請書です．（青色申告の場合には，37〜38ページにある記述のように税額控除などの特典が受けられます）

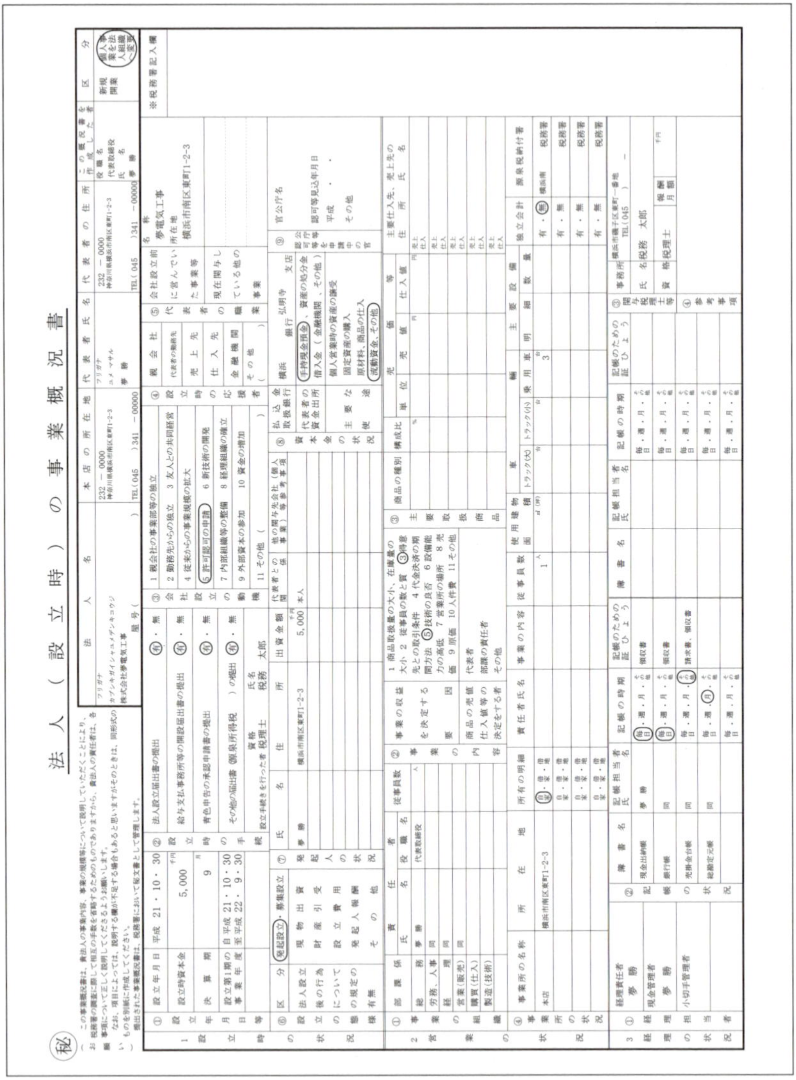

5　電気工事士のキャリア・アップと起業

図5.31　法人（設立時）の事業概況書

⚠️注意点

法人の事業内容や事業の規模などについて記載することにより，税務署の調査，指導などに際して，相互の手数を省略するためのものです．次ページ●補足事項●にて詳述いたします．

5.4 会社設立 ～個人事業から法人成りへ決意するとき～

● 補足事項 ●

　法人設立届出書は，個人事業開始届でも同様でしたが税務署に提出のほか，本店所在地の都道府県および市区町村にも提出いたします．

　その理由は今後税務署には国税である法人税や消費税を，都道府県には法人県民税と法人事業税を，市区町村には法人市民税を納税する必要があるからです．

　また，個人事業開始届出と異なる点は，法人設立届出書では定款で定めた事業年度（決算期）と資本金の額，会社設立当初の株主名簿と開始貸借対照表（ただし，設立当初の株主が出資した現金が借方にそして資本金のみが貸方に記載があるのみ）を添付致します．

　さらに，法人（設立時）の事業概況書につきましては，会社設立の動機や，設立時の応援者，事業の収益を決定する要因，主要取扱商品，経理担当者や記帳の状況まで設立届出時に説明する必要があり，「会社設立したばかりなのに？」と違和感を覚えることと思います．しかし，会社によってまちまちですが，いずれ数年後に税務調査が行われる際に，事前にこの概況書を提出することにより，税務署との質疑応答の手間を省略するための書式となります．

　この法人事業概況書は今後の毎年の確定申告の際の申告書にもその事業年度の概要を報告するものとして添付するものとなります．

　最後に，個人事業主と同様，青色申告の承認申請は税額控除のためにも提出するべきでしょう．その他の書式も今後の参考として下さい．

5　電気工事士のキャリア・アップと起業

5.5　建設業許可申請（電気工事業）および電気工事業開始届

Story

　平成3年に個人事業主として登録電気工事業者となり，平成8年に登録電気工事業者更新登録申請をした夢勝は，今後の事業拡大のために夢電気工事から株式会社夢電気工事に法人成りしたことを実際のストーリーをもとにご紹介して参りました．

　一個人であった電気工事士が起業をして，仕事の信用を獲得するためには事業主体としての進化も時代の変化とともに必要になるときが必ず到来します．

　実は，夢勝は法人を設立するのと平行して，建設業許可申請も視野に入れていたのです．その理由は後述しますが，電気工事で一件当たりの請負代金が500万円以上（消費税込み）の場合は，建設業法により，建設業許可業者でないと工事請負契約が不可能だからです．

　そこで，夢勝はあらかじめ個人事業から法人成りへと会社設立と建設業許可申請を相談していた専門行政書士に，その2種類の手続きを委任して，会社設立のうちから建設業許可要件を意識した定款の作成や，資本金額の準備を行っていたのです．

　両者の手続をバラバラに検討していたとしたら，例えば定款の営業目的が建設業法の求める目的と異なっていたり，資本金も改めて別に増資あるいは会社の預金残高証明を取り直したりと，後日余計な出費と労力が重なっていたことでしょう．

　それでは早速，次ページ以降建設業許可申請と電気工事業開始届の解説を進めてまいります．

5.5 建設業許可申請（電気工事業）および電気工事業開始届

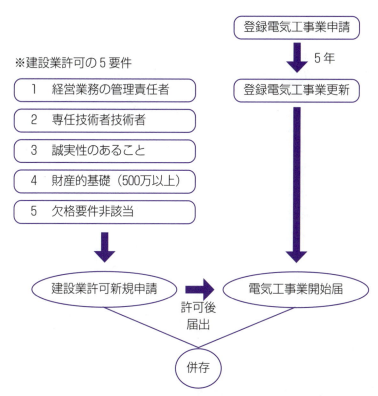

図 5.32　建設業許可申請と，電気工事業開始届（みなし登録電気工事業）の流れ

※注：電気工事業開始届とは，登録電気工事業者が建設業許可を受けた後，許可行政庁にその届出をする制度です．これは「みなし登録電気工事業者」とも呼ばれます．

● 建設業の許可を必要とする者（建設業法第3条）

以下の者は個人・法人を問わず，営業をする場合は国土交通大臣または都道府県知事の許可が必要となります．

5 電気工事士のキャリア・アップと起業

① 建設工事の発注者から直接工事を請け負う元請負人
② 元請負人から建設工事の一部を請け負う下請負人（二次以降の下請負人も同様です）

※ただし，次に掲げる「業務」だけを請け負う場合は， 許可が必要ありません．電気工事関係では④⑤が該当します．

●工事ではない業務の例示●
① 剪定・除草・草刈り・伐採
② 道路・緑地・公園・ビルなどの清掃や管理
③ 建築物・工作物の養生や洗浄
④ 施設・設備・機器などの保守点検
⑤ （電球などの）消耗部品の交換
⑥ 調査・測量・設計
⑦ 運搬・残土搬出・地質調査・埋蔵文化財発掘・観測・測定を目的とした掘削
⑧ 船舶や航空機など土地に定着しない動産の築造設備機器取付
⑨ 自家用工作物に関する工事

さらに電気工事では一件当たりの請負代金が 500 万円未満の工事（消費税込み）は軽微な工事として建設業の許可を要しません．

しかしながら，仮に一件当たりの請負代金が 500 万円未満の工事で建設業許可は不要だとしても，登録電気工事業の登録は必要です．

なお，建設業者であって，電気工事業法に基づく電気工事業を営む者とは，次のような者であり，建設業の許可の業種は問いません．

①注意点

この章では電気工事業者を主体とする観点からも，神奈川県に本社を有する株式会社夢電気工事を前提とした神奈川県知事許可申請を中心に説明を加えて参ります．

① 主として電気配線工事を請け負う者（建設業法で電気工事業の許可を受けた者）で，電気工事業法に規定する電気工事を施工する者

② 主として電気配線工事以外を請負う者（建設業法で電気工事業以外の許可を受けた者）で，附帯工事として電気工事業法に規定する電気工事を施工する者

つまり，建設業の許可の種類や電気工事業許可の主従を問わず，「電気工事業を営む者」と定義されております．

●建設工事と建設業の種類

建設業法で定める建設業の種類は建築工事，土木工事をはじめ29業種に細分化されており，その一つが「電気工事業」になります．

例示をしますと，以下のような工事が電気工事になります．

●電気工事の例示

発電設備工事，送配電線工事，引込線工事，変電設備工事，構内電気設備（非常用電気設備を含む）工事，照明設備工事，電車線工事，信号設備工事，ネオン装置工事

●知事許可と大臣許可（法第3条）

建設業の許可は，都道府県知事と国土交通大臣許可に区分されます．

電気工事業法での登録業者は，都道府県知事と経済産業大臣です．

① 都道府県知事許可

同一都道府県内にのみ営業所（※）を設けて建設業を営もうとする場合は，その都道府県知事許可が必要です．

② 国土交通大臣許可

二つ以上の都道府県内に営業所を設けて建設業を営もうとする者は，国土交通大臣許可が必要です．

なお，この場合営業所ごとの業種が違っても大臣許可となります．

したがって，同一の建設業者が知事許可と大臣許可の両方の許可を受けることはありません．

●営業所の数と受けるべき許可●

※いずれの行政庁で許可を受けた場合も，全国の現場で工事を施工することができます．つまり，東京都に本店しかない場合であっても関西や九州の仕事を受注することが可能となります．

※「営業所」とは本店支店等建設工事の請負契約を常時締結する事務所をいい，少なくとも次の要件を備えていることが必要です．

① 請負契約の見積，入札，契約締結などの実態的な業務を行っていること．

② 電話，机，各種事務台帳などを備えた事務室が設けられていること．ただし，代表者の自宅などを営業所と兼用している場合は，事務室部分と住居部分が明確に区分されていること．

③ ①に関する権限を付与された者が常時勤務していること．

④ 専任技術者が常勤していること．つまり単なる登記上の本店，事務連絡所，工事事務所，作業所などは，営業所としては認められません．

これらは，実際の建設業許可申請時に，営業所の賃貸借契約書または登記簿謄本とともに，写真添付により証明しなければなりません．

5.5 建設業許可申請（電気工事業）および電気工事業開始届

●一般建設業と特定建設業（法第 3 条）

建設業の許可は，一般建設業と特定建設業に区分されます．

詳細は，30 ページの［**●建設業許可用語解説**］を確認して下さい．

●建設業許可の基準（許可を受けるための要件）と解説（法第 7 条・法第 8 条・法第 15 条）

許可の基準

許可を受けるためには，95 ページにも挙げましたが，次の項目に掲げる要件をすべて備えていることが必要です．

(1) 経営業務の管理責任者がいること．

(2) 専任技術者を営業所ごとに置いていること．

(3) 請負契約に関して誠実性を有していること．

(4) 請負契約を履行するに足る財産的基礎または金銭的信用を有していること．

(5) 欠格要件などに該当しないこと．

上記の(1)〜(5)の内容を細かく見ていきましょう．

(1) 経営業務の管理責任者の要件

a 法人では常勤の役員のうち一人が，個人では本人または支配人のうち一人が次のいずれかに該当すること

許可を受けようとする建設業に関し，5 年以上経営業務の管理責任者（法人の役員，個人の事業主または支配人のうち登記された者）としての経験を有する者

（ex：登録電気工事業者で 5 年以上個人事業主を経験した者が，新たに電気工事業の建設業許可申請をする場合）

b　aと同等以上の能力を有すると認められた者

　　許可を受けようとする建設業以外の建設業に関し，6年以上経営業務の管理責任者としての経験を有する者

（ex：消防施設工事会社に6年以上取締役だった者が新たに電気工事業会社に取締役として就任し，電気工事の建設業許可申請をする場合）

c　許可を受けようとする建設業に関し，経営業務の管理責任者に準ずる地位にあって，次のいずれかの経験を有する者

　　①　執行役員などとして5年以上建設業の経営業務を総合的に管理した経験
　　②　6年以上経営業務を補佐した経験

（ex：電気工事業大会社で執行役員を5年以上務めた者または6年以上，工事部門取締役直下の工事部長を経験した者が新会社を設立して取締役に就任し，電気工事の建設業許可申請をする場合）

　その他の経営業務の管理責任者の注意点は以下のとおりです．
　①　建設業許可申請業者の常勤者であること．
　具体的には，申請会社の常勤の役員あるいは個人事業主，支配人であること．また通勤に適う住所であること．
　②　ほかの会社の役員※や個人事業主を兼任しないこと．
　具体的には，ほかの会社の代表取締役でありながら，新たな会社で役員となり，建設業許可申請をする事です．（ただし，兼任している会社では非常勤役員であり，建設業許可申請会社では社会保険に加入しているなどの常勤性を担保された場合は申請が認められるケースがあります）
　また，法令上の制限としては，ほかの会社の建設業許可専任技術者

や宅建取引士，管理建築士などを兼ねることはできません．

つまりは，都道府県知事許可・国土交通大臣許可の区別なく，経営業務の管理責任者自体は，申請会社の中で単独となります．
前任者が退任する際には，後任者で適格要件を欠くと許可が取消されますので，くれぐれもご留意下さい．

※監査役，会計参与，監事等は許可上の役員に含まれません．

(2) 専任技術者を営業所ごとに置いていること．
専任技術者の要件については，30〜32ページを確認して下さい．
なお，許可上の注意点は以下のとおりです．
① 専任技術者を営業所ごとに置いていること．
② 常勤性や，非兼任については，前ページ経営業務の管理責任者と
　同様です．

(3) 請負契約に関して誠実性を有していること．
法人，法人の役員など，個人事業主などが，請負契約に関し，不正または不誠実な行為をするおそれが明らかな者でないことが必要です．
① 「不正な行為」とは，請負契約の締結または履行に際して，詐欺
　脅迫・横領など法律に違反する行為をいいます．
② 「不誠実な行為」とは，工事内容・工期などについて請負契約に
　違反する行為をいいます．

⑷ 請負契約を履行するに足る財産的基礎または金銭的信用を有していること.

a　一般建設業の財産的基礎
　設立後決算が終了している場合は次の1，2のいずれかを満たしている必要があります.
　1　法人にあっては，直前の決算の純資産合計の額が500万円以上であること．個人にあっては，直前の決算の期首資本金事業主借勘定および事業主利益の合計額から事業主貸勘定の額を控除した額に負債の部に計上されている利益留保性の引当金および準備金の額を加えた額が500万円以上であること.
　2　主要取引金融機関発行の500万円以上の預貯金残高証明書（残高日が申請書の受付日から起算して前1ヵ月以内のもの）を提出できること
　3　設立後一度も決算期を迎えていない場合　※法人・個人共通
　　①　開始貸借対照表で資本金500万円以上であること（法人の場合）
　　②　主要取引金融機関発行の500万円以上の預貯金残高証明書（残高日が申請書の受付日から起算して前1ヵ月以内のもの）を提出できること

※つまり，法人，個人とも直近の純資産額が500万円以上存在する証明資料があれば新たに残高証明書を用意する必要がありません.

b　特定建設業の財産要件
　直前の決算において下記の①～③の要件すべてに該当すること
①　欠損の額※が資本金の20%を超えないこと
②　流動比率が75%以上であること
　　流動比率 = 流動資産 ÷ 流動負債 × 100

③ 資本金が2 000万円以上であり，かつ，自己資本が4 000万円以上であること

※「欠損の額」とは，法人にあっては貸借対照表の繰越利益剰余金が負である場合にその額が資本剰余金，利益準備金およびその他利益剰余金（繰越利益剰余金を除く）の合計額を上回る額を，個人にあっては事業主損失が事業主借勘定から事業主貸勘定の額を控除した額に負債の部に計上されている利益留保性の引当金および準備金を加えた額を上回る額をいいます．

つまり，新設法人であれば，開始貸借対照表において，資本金の額を4 000万円以上に定めておかなければ特定建設業の許可申請は不可能となってしまいます．

⑸ 欠格要件非該当
下記のいずれかに該当する場合は，法律上の欠格事由として，許可を受けられません．
1 許可申請書またはその添付書類中に重要な事項について虚偽の記載，重要な事実の記載が欠けているとき
2 法人にあっては，当該法人，法人の役員など，その他支店長，営業所長，5％以上株主，顧問，相談役などが，また，個人にあってはその本人または支配人が，次のような要件に該当しているとき
① 成年被後見人もしくは被保佐人または破産者で復権を得ない者
② 不正の手段により許可を受けたことなどにより，その許可を取り消され，その取消の日から5年を経過しない者また，許可を取り消されるのを避けるため廃業の届出をした者で，届出の日から5年を経過しない者

5 電気工事士のキャリア・アップと起業

③ 建設工事を適切に施工しなかったために公衆に危害を及ぼしたとき，あるいは危害を及ぼすおそれが大であるときまたは請負契約に関し不誠実な行為をしたことなどにより営業の停止を命ぜられ，その停止期間が経過しない者

④ 禁錮以上の刑に処せられ，その刑の執行を終わり，またはその刑の執行を受けることがなくなった日から5年を経過しない者

⑤ 下記法律に違反し，または罪を犯したことにより罰金刑に処せられ，その刑の執行を終わり，またはその刑の執行を受けることがなくなった日から5年を経過しない者

ア 建設業法

イ 建築基準法，宅地造成等規制法，都市計画法，景観法，労働基準法，職業安定法，労働者派遣法の規定で政令で定めるもの

ウ 暴力団員による不当な行為の防止等に関する法律

エ 刑法第204条，第206条，第208条，第208条の3，第222条または第247条の罪

オ 暴力行為等処罰に関する法律の罪

カ 暴力団員による不当な行為の防止等に関する法律第2条第6号に規定する暴力団員または同号に規定する暴力団員でなくなった日から5年を経過しない者

キ 暴力団員などがその事業活動を支配する者

①注意点

※以上の①から⑤の要件をクリアすることによって，いよいよ本格的な建設業許可申請が可能となります.

では，これから個人事業主から法人成りした株式会社夢電気工事が電気工事の建設業許可申請をするケースを実例として見てゆきましょう．今回の建設業許可申請に関する内容は以下を前提と致します．

●株式会社夢電気工事の許可要件など

① 個人事業主から，法人化した新設法人とする．
② 個人事業経営期間は満 18 年とする．
③ 夢勝は第二種電気工事士，実務経験は②と同じ期間の約 18 年とする．
④ 役員は 2 名．うち，夢勝が代表取締役兼株主・夢光子は非常勤取締役とする．
⑤ 資本金の額は 500 万円とする．
⑥ 本店は神奈川県横浜市．ほかの営業所はなく，自宅兼事務所でのスタートとする．5.4 会社設立（個人事業からの法人成り）の会社設立手続関係ですでに説示した以下の資料については紙面の都合上割愛するものとする．

（割愛した資料）

・定款表紙以降
・個人の確定申告書（直近決算分以外 5 年分）
・夢勝の自宅不動産謄本（不動産登記簿謄本）
・営業所写真内部（事務所玄関，執務室，応接室，ポストなど）
・預貯金残高証明書（新設法人かつ，資本金 500 万円により）

建設業許可申請に係る申請手数料について

以下はいずれも新規許可，許可の更新および同一区分内における業種追加の許可を前提にしております．都道府県知事許可には証紙，国土交通大臣許可では管轄税務署に現金を納付します．

5 電気工事士のキャリア・アップと起業

建設業許可申請に関する申請手数料は以下のとおりです．

	知事許可	大臣許可
新規申請	9万円	15万円
更新申請	5万円	5万円
業種追加申請	5万円	5万円
一般から特定許可	9万円	15万円
特定から一般許可	9万円	15万円

※特殊な案件は割愛しております．その他通常の各種変更届（商号，本店，役員，資本等の登記事項の変更・決算報告届などの申請手数料は無料です）．

建設業許可要件確認事項

☑ ①　経営業務の管理責任者　夢　勝
99ページ(1)経営業務の管理責任者の要件aをクリア

☑ ②　専任技術者　夢　勝
101ページ(2)第二種電気工事士＋実務経験3年をクリア

☑ ③　財産的基礎　金500万円
登記簿謄本（履歴事項全部証明書．83ページ，図5.23）により資本金の額でクリア．また，株式会社夢電気工事の建設業許可申請書に添付の開始貸借対照表（ただし117ページ，図5.43）でもクリア

☑ ④⑤　誠実性，欠格要件については非該当

それでは，次ページ以降でいよいよ株式会社夢電気工事に関する，建設業許可新規申請手続きをスタートしましょう！

106

5.5　建設業許可申請（電気工事業）および電気工事業開始届

図 5.33　建設業許可申請書

❗注意点

申請者欄には会社の実印（法務局の登録印．以下会社実印とする）を押印します．また許可を受けようとする建設業は電気工事業ですので，「電」の欄に一般建設業許可を示す数字の 1 を記入します．

行政庁側記入欄は許可申請時は空欄ですが，許可後に行政庁が許可番号，許可年月日，申請年月日を記入します．（解説の便宜上記入しています．）

5 電気工事士のキャリア・アップと起業

別紙一 　　　　　　　　　　　　　　　　　　　　　　　　　　(用紙A4)

役 員 等 の 一 覧 表

平成　21 年　11 月　26 日

役員等の氏名及び役名等		
氏　　　名	役　名　等	常勤・非常勤の別
ユメ　マサル 夢　勝	代表取締役	常勤
ユメ　ミツコ 夢　光子	取締役	非常勤

1　法人の役員、顧問、相談役又は総株主の議決権の100分の5以上を有する株主若しくは出資の総額の100分の5以上に相当する出資をしている者（個人であるものに限る。以下「株主等」という。）について記載すること。

2　「株主等」については、「役名等」の欄には「株主等」と記載することとし、「常勤・非常勤の別」の欄に記載することを要しない。

図5.34　役員等の一覧表

⚠注意点

登記簿謄本上の役員や顧問，相談役，議決権の一定数を保有する株主などを記入します．夢勝は代表者兼株主．夢光子は取締役として各常勤非常勤の区別も記入します．

5.5 建設業許可申請（電気工事業）および電気工事業開始届

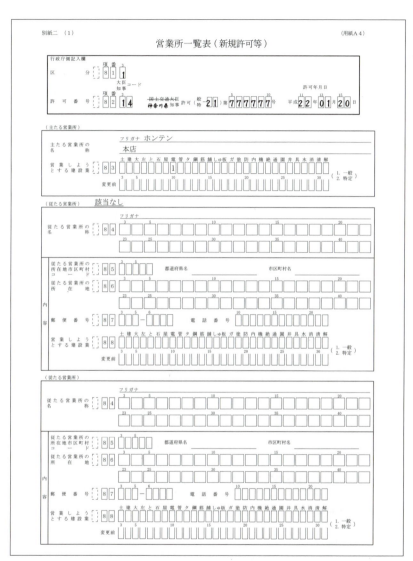

図 5.35 営業所一覧表（新規許可等）

①注意点

営業所を一覧に記入します．営業所が本店のみの場合は主たる営業所の名称欄に本店とし，営業しようとする建設業の欄には，107 ページ図 5.33 と同様，「電」の欄に一般建設業許可を示す数字の 1 を記入します．

5 電気工事士のキャリア・アップと起業

図 5.36　収入印紙などのはり付け欄

❗注意点

通常国土交通大臣許可の際は管轄税務署に現金を納付し，都道府県知事許可の際は証紙を貼付します．株式会社夢電気工事は神奈川県知事許可申請者ですので，県の証紙を9万円分貼付します．

5.5 建設業許可申請（電気工事業）および電気工事業開始届

別紙四

専任技術者一覧表

平成 21 年 11 月 26 日

営業所の名称	フリガナ 専任の技術者の氏名	建設工事の種類	有資格区分
本店	ユメ マサル 夢 勝	電-7	56

図 5.37　専任技術者一覧表

①注意点

この欄には，営業所の専任技術者を記入します．「電-7」は一般建設業の電気工事，有資格区分 56 は第二種電気工事士であることを示しています．

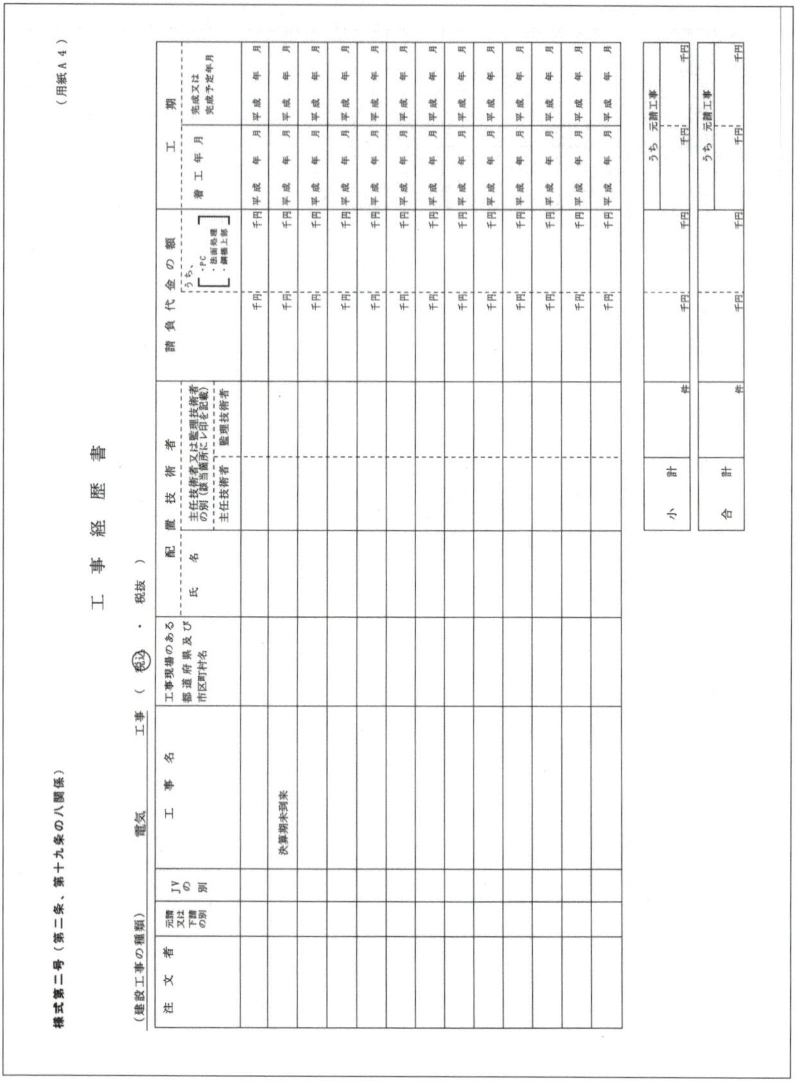

5 電気工事士のキャリア・アップと起業

図 5.38　工事経歴書

①注意点

会社設立後，第一期目の決算が終了していないため，決算期未到来である旨を記入します．

5.5 建設業許可申請（電気工事業）および電気工事業開始届

様式第三号　（第二条関係）　　　　　　　　　　　　　　　　　　　　　　　　　　　（用紙A4）

直前3年の各事業年度における工事施工金額

（税込・税抜／単位：千円）

事　業　年　度	注文者の区分		許可に係る建設工事の施工金額				その他の建設工事の施工金額	合　計
			（電）工事	工事	工事	工事		
第　1　期 平成21年10月30日から 平成22年 9月30日まで	元請	公　共	決算期未到来					
		民　間						
	下　請							
	計							
第　　　期 平成　年　月　日から 平成　年　月　日まで	元請	公　共						
		民　間						
	下　請							
	計							
第　　　期 平成　年　月　日から 平成　年　月　日まで	元請	公　共						
		民　間						
	下　請							
	計							
第　　　期 平成　年　月　日から 平成　年　月　日まで	元請	公　共						
		民　間						
	下　請							
	計							
第　　　期 平成　年　月　日から 平成　年　月　日まで	元請	公　共						
		民　間						
	下　請							
	計							
第　　　期 平成　年　月　日から 平成　年　月　日まで	元請	公　共						
		民　間						
	下　請							
	計							

記載要領

1　この表には、申請又は届出をする日の直前3年の各事業年度に完成した建設工事の請負代金の額を記載すること。
2　「税込・税抜」については、該当するものに丸を付すこと。
3　「許可に係る建設工事の施工金額」の欄は、許可に係る建設工事の種類ごとに区分して記載し、「その他の建設工事の施工金額」の欄は、許可を受けていない建設工事について記載すること。
4　記載すべき金額は、千円単位をもって表示すること。
　　ただし、会社法（平成17年法律第86号）第2条第6号に規定する大会社にあっては、百万円単位をもって表示することができる。この場合、「（単位：千円）」とあるのは「（単位：百万円）」として記載すること。
5　「公共」の欄は、国、地方公共団体、法人税法（昭和40年法律第34号）別表第一に掲げる公共法人（地方公共団体を除く。）及び第18条に規定する法人が注文者である施設又は工作物に関する建設工事の合計額を記載すること。
6　「許可に係る建設工事の施工金額」に記載する建設工事の種類が5業種以上にわたるため、用紙が2枚以上になる場合は、「その他の建設工事の施工金額」及び「合計」の欄は、最終ページにのみ記載すること。
7　当該工事に係る実績が無い場合においては、欄に「0」と記載すること。

図5.39　直前3年の各事業年度における工事施工金額

①注意点

直前3年の各事業年度における工事施工金額は、新設法人は第1期の決算期と、それが未到来である旨を記入します。

5 電気工事士のキャリア・アップと起業

5 電気工事士のキャリア・アップと起業

様式第四号(第二条関係) (用紙A4)

使 用 人 数

平成 21年 11月 26日

営 業 所 の 名 称	技 術 関 係 使 用 人		事務関係使用人	合　　計
	建設業法第7条第2号イ、ロ若しくはハ又は同法第15条第2号イ若しくはハに該当する者	その他の技術関係使用人		
本店	1 人	0 人	0 人	1 人
合　　計	1 人	0 人	0 人	1 人

記載要領
1　この表には、法第5条の規定(法第17条において準用する場合を含む。)に基づく許可の申請の場合は、当該申請をする日、法第11条第3項(法第17条において準用する場合を含む。)の規定に基づく届出の場合は、当該事業年度の終了の日において建設業に従事している使用人数を、営業所ごとに記載すること。
2　「使用人」は、役員、職員を問わず雇用期間を特に限定することなく雇用された者(申請者が法人の場合は常勤の役員を、個人の場合はその事業主を含む。)をいう。
3　「その他の技術関係使用人」の欄は、法第7条第2号イ、ロ若しくはハ又は法第15条第2号イ若しくはハに該当する者ではないが、技術関係の業務に従事している者の数を記載すること。

図5.40　使用人数

①注意点

使用人とは，代表取締役ほか役員，職員を問わず常勤者を記入します．申請者が個人の場合は申請者本人を含みます．
ただし，法人の使用人であっても，兼業職員や監査役，パートタイマーは含まれません．

5.5 建設業許可申請（電気工事業）および電気工事業開始届

様式第六号（第二条関係）　　　　　　　　　　　　　　　　　　　　　　（用紙A4）

誓　　約　　書

　申請者、申請者の役員等及び建設業法施行令第３条に規定する使用人並びに法定代理人及び法定代理人の役員等は、同法第８条各号（同法第17条において準用される場合を含む。）に規定されている欠格要件に該当しないことを誓約します。

平成　21年　11月　26日

横浜市南区東町1-2-3
株式会社夢電気工事
申請者　代表取締役　夢　勝　　　　

~~地方整備局長~~
~~北海道開発局長~~
　神奈川県知事　　殿

記載要領
「　地方整備局長
　　北海道開発局長　　については、不要のものを消すこと。
　　　　知事　」

図 5.41　誓約書

⚠ 注意点

103 ページ(5)欠格要件非該当であることを誓約する書面となります．

5 電気工事士のキャリア・アップと起業

株 式 会 社 夢 電 気 工 事

定　　款

図 5.42　定款（表紙以下割愛）

5.5 建設業許可申請（電気工事業）および電気工事業開始届

```
            開 始 貸 借 対 照 表

                    (会社名) 株式会社夢電気工事

                                          単位：千円

  ┌─────────────────────┬─────────────────────┐
  │      資産の部        │    負債純資産の部    │
  ├─────────────────────┼─────────────────────┤
  │                     │                     │
  │ 現金預金     5,000   │ 資本金       5,000   │
  │                     │                     │
  │                     │                     │
  ├─────────────────────┼─────────────────────┤
  │ 資産合計     5,000   │ 負債純資産合計 5,000 │
  └─────────────────────┴─────────────────────┘

                   平成 21 年 10 月 30 日 現在
```

図 5.43　開始貸借対照表

①注意点

88 ページ図 5.27 の法人設立届で添付した設立時貸借対照表と同様の開始貸借対照表がこちらでも添付資料となります．ただし，株主名簿は記載しません．また，新設法人でない場合は直近確定申告書の財務諸表を建設業許可様式につくり直して添付します．

5 電気工事士のキャリア・アップと起業

様式第二十号 (第四条関係)　　　　　　　　　　　　　　　　　　　(用紙A4)

営　業　の　沿　革

	平成 21 年	10 月	30 日	設立
創業以後の沿革	年	月	日	
	年	月	日	
	年	月	日	
	年	月	日	
	年	月	日	
	年	月	日	

建設業の登録及び許可の状況	年	月	日	
	年	月	日	
	年	月	日	
	年	月	日	
	年	月	日	
	年	月	日	
	年	月	日	
	年	月	日	
	年	月	日	

賞罰	年	月	日	なし
	年	月	日	
	年	月	日	
	年	月	日	

記載要領
1　「創業以後の沿革」の欄は、創業、商号又は名称の変更、組織の変更、合併又は分割、資本金額の変更、営業の休止、営業の再開等を記載すること。
2　「建設業の登録及び許可の状況」の欄は、建設業の最初の登録及び許可等（更新を除く。）について記載すること。
3　「賞罰」の欄は、行政処分等についても記載すること。

図 5.44　営業の沿革

①注意点

新設法人の場合は，設立年月日および賞罰の記入となります．

5.5 建設業許可申請（電気工事業）および電気工事業開始届

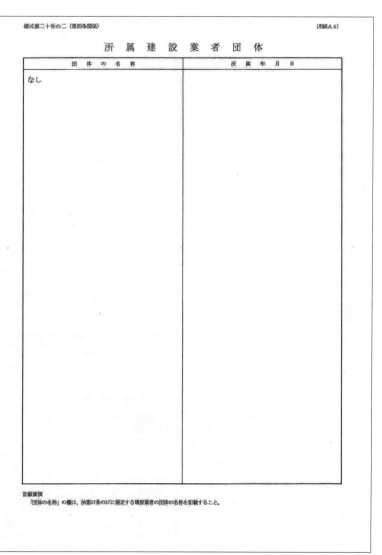

図 5.45 所属建設業者団体

①注意点

団体の名称，所属年月日は該当する所属建設業者団体があれば記入します．
例）建設業協会，建設業関係組合など．

5　電気工事士のキャリア・アップと起業

様式第二十号の三(第四条、第十条関係)

(用紙A4)

健 康 保 険 等 の 加 入 状 況

① 健康保険等の加入状況は下記のとおりです。
② 下記のとおり、健康保険等の加入状況に変更があったので、届出をします。

平成　21 年　11 月　26 日

横浜市南区東町1-2-3
株式会社夢電気工事
代表取締役　夢　勝　　　　　　　㊞

地方整備局長
北海道開発局長
神奈川県知事　殿

申請者
届出者

許可年月日

許 可 番 号　国土交通大臣許可(般 ―　)第　　　　　号　平成　　年　　月　　日
神奈川県知事　　　　　　　特

(営業所毎の保険加入の有無)

営業所の名称	従業員数	保険加入の有無			事業所整理記号等	
		健康保険	厚生年金保険	雇用保険		
本店	2人 (2人)	1	1	3	健康保険	■■■　▲▲▲
					厚生年金保険	■■■　▲▲▲
					雇用保険	
	人 (人)				健康保険	
					厚生年金保険	
					雇用保険	
	人 (人)				健康保険	
					厚生年金保険	
					雇用保険	
	人 (人)				健康保険	
					厚生年金保険	
					雇用保険	
	人 (人)				健康保険	
					厚生年金保険	
					雇用保険	
合計	2人 (2人)					

書　類
作成者　いそご法務小竹行政書士事務所
連絡先　行政書士　小竹　一臣　電話番号　045-754-8955

図5.46　健康保険等の加入状況

①注意点

従業員数は役員，兼業職員問わず非常勤も含む全従業員数を記入します．
保険加入の有無は，加入は1，未加入は2，適用除外は3とします．
株式会社夢電気工事は役員が2名で健康保険と厚生年金保険は加入済みです
が，雇用保険に役員は原則として加入できないため，3と記入します．

120

5.5 建設業許可申請（電気工事業）および電気工事業開始届

様式第二十号の四（第四条関係）　　　　　　　　　　　　　　　　　　　〔用紙A4〕

主 要 取 引 金 融 機 関 名

政 府 関 係 金 融 機 関	普 通 組 銀 行 長 期 信 用 銀 行	株式会社商工組合中央金庫 信用金庫・信用協同組合	そ の 他 の 金 融 機 関
	横浜電書銀行　南支店		

記載要領
1　「政府関係金融機関」の欄は、独立行政法人住宅金融支援機構、株式会社日本政策金融公庫、株式会社日本政策投資銀行等について記載すること。
2　各金融機関とも、本所、本店、支所、支店、営業所、出張所等の区別まで記載すること。
（例　○○銀行○○支店）

図 5.47　主要取引金融機関名

！注意点

今後の主要取引先となる金融機関を記入します．

5　電気工事士のキャリア・アップと起業

閲 覧 対 象 外 法 定 書 類
(＿＿＿＿新規＿＿＿＿申請)

以下の順に書類を綴じてください。（○必要書類　▲該当する場合に添付）

区　　　分	新規 許可換	般・特 業追	更新
経営業務の管理責任者証明書（第七号） 及び略歴書（第七号別紙）	○	○	○
専任技術者証明書（新規・変更）（第八号）	○	○	
資格者証（写し）、卒業証明書等、実務経験証明書 （第九号）、指導監督的実務経験証明書（第十号）	▲	▲	
国家資格者等・監理技術者一覧表（第十一号の二） 及び添付書類	▲	▲	
許可申請者（法人の役員等・本人）の調書（第十二号）、 登記されていないことの証明書及び身分証明書（※1）	○	○	○
令第3条に規定する使用人の調書（第十三号）、登記さ れていないことの証明書及び身分証明書　　（※2）	▲	▲	▲
株主（出資者）調書（第十四号）	○		▲
商業登記簿謄本又は履歴事項全部証明書	○		○
納税証明書	○		

※1　許可申請者（法人の役員等・本人）に関する書類は一人ずつまとめ、許可申請書（様式
　　第一号）別紙一「役員等の一覧表」に記入した順に綴じてください。
※2　令第3条に規定する使用人に関する書類は一人ずつまとめ、令第3条に規定する使用人
　　の一覧表（様式第十一号）に記入した順に綴じてください。

許 可 番 号 ： （ 般 － ）第 号
(新規は除く)

会 社 名 ： 株式会社夢電気工事

受付印

図 5.48　閲覧対象外法定書類（新規許可申請）

①注意点

　建設業許可申請書類は，実は許可後は許可行政庁において原則有料で閲覧対象となりますが，中でも秘匿性の高い書類は閲覧対象とされませんので，この表紙の順に綴って提出します。

5.5 建設業許可申請(電気工事業)および電気工事業開始届

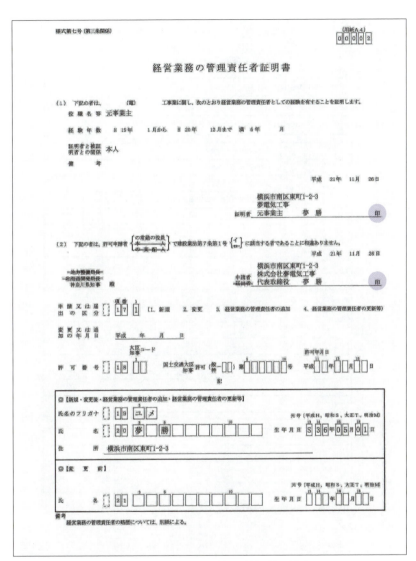

図5.49 経営業務の管理責任者証明書

⚠注意点

夢勝が個人事業主として満6年電気工事の経営業務の管理責任者としての経験を有することを自ら証明しています.

すなわち,証明者は個人事業時代元事業主として,申請者は株式会社夢電気工事代表取締役として記入します.

5 電気工事士のキャリア・アップと起業

別紙 (用紙A4)

経営業務の管理責任者の略歴書

現　住　所	横浜市南区東町1-2-3			
氏　　　　名	夢　勝	生　年　月　日		S 36年　5月　1日生
職　　　　名	代表取締役　（常勤）			

	期　　間	従　事　し　た　職　務　内　容
職	自　S61年　4月　1日 至　S62年　4月　30日	電書電設株式会社　勤務
	自　S62年　7月　1日 至　H 2年　12月　31日	久美電設株式会社　勤務
	自　H 3年　3月　1日 至　H21年　10月　29日	夢電気工事　個人事業主
	自　H21年　10月　30日 至　　年　　月　　日	株式会社夢電気工事　設立　代表取締役に就任
	自　　年　　月　　日 至　　年　　月　　日	現在に至る
	自　　年　　月　　日 至　　年　　月　　日	
	自　　年　　月　　日 至　　年　　月　　日	
	自　　年　　月　　日 至　　年　　月　　日	
	自　　年　　月　　日 至　　年　　月　　日	
	自　　年　　月　　日 至　　年　　月　　日	
歴	自　　年　　月　　日 至　　年　　月　　日	
	自　　年　　月　　日 至　　年　　月　　日	
	自　　年　　月　　日 至　　年　　月　　日	

	年　　月　　日	賞　　罰　　の　　内　　容
賞		なし
罰		

上記のとおり相違ありません。

平成　21年　11月　26日　　　　　　　　　　　氏　名　　夢　勝　㊞

記載要領
※　「賞罰」の欄は、行政処分等についても記載すること。

図 5.50　経営業務の管理責任者の略歴書

⚠注意点

経営業務の管理責任者としての略歴を記入します．
氏名は個人名を，押印は個人印となります．

5.5 建設業許可申請（電気工事業）および電気工事業開始届

本人

登記されていないことの証明書

①氏　名	夢　勝		
②生年月日	明治 大正 昭和 平成 ☐☐☑☐	西暦または ☐ ‥36年 ‥5月 ‥1日	

③住　所	都道府県名 神奈川県	市区郡町村名 横浜市南区東町
	丁目大字地番 1丁目2番地3	

④本　籍	都道府県名	市区郡町村名
☐ 国籍	丁目大字地番（外国人は国籍を記入）	

上記の者について、後見登記等ファイルに成年被後見人、被保佐人とする記録がないことを証明する。

平成21年11月17日

東京法務局　登記官　　　　　　　　　　法務　太郎

東京法務局登記官印

［証明書番号］2009-0200A——

図5.51　登記されていないことの証明書

①注意点

法務局において，後見登記ファイルに成年被後見人，被保佐人と記録されている者は103ページ，(5)2 ①で役員の欠格要件に該当するので，非該当であることを証明するために，役員（代表取締役）夢勝が後見登記されていないことの証明書を添付します．

5　電気工事士のキャリア・アップと起業

身　分　証　明　書

本　　籍　横浜区市南区東町1丁目2番地3

本人氏名　夢　勝

生年月日　昭和36年5月1日

禁治産、準禁治産者名簿に記載がありません。

後見の登記の通知を受けていません。

破産者名簿に記載がありません。

上記のとおり証明します。

平成21年10月27日

横浜市南区長　

発行番号　0000002016

横浜市

図5.52　身分証明書

❶注意点

本籍地の市区町村において，役員（代表取締役）夢勝が禁治産，準禁治産名簿に記載がない，法務局から後見登記の通知がない，破産者名簿に記載がないことの身分証明書を取得します。

5.5　建設業許可申請（電気工事業）および電気工事業開始届

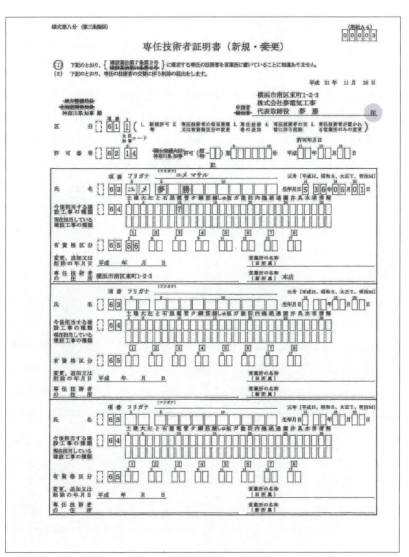

図5.53　専任技術者証明書（新規）

❗注意点

今後担当する建設工事の種類項番64には電（電気工事）の下枠に一般建設業の資格などを意味する7を記入し、有資格区分項番65の右欄には第二種電気工事士の56を記入します。

5　電気工事士のキャリア・アップと起業

図 5.54　免状の写し

!注意点

夢勝は第二種電気工事士であるので，建設業許可専任技術者として電気工事士免状の原本提示をしつつ，免状の写しを添付します．

5.5 建設業許可申請（電気工事業）および電気工事業開始届

様式第九号（第三条関係）　　　　　　　　　　　　　　　　　　　（用紙Ａ４）

実 務 経 験 証 明 書

下記の者は、　　電気　　工事に関し、下記のとおり実務の経験を有することに相違ないことを証明します。

平成 21年 11月 26日

横浜市南区東町1-2-3
夢電気工事
証 明 者　元事業主　夢 勝　　　㊞

被証明者との関係　本人

記

技術者の氏名	夢 勝		生年月日	S36年5月1日	使用された期間	H 3年 3月から
使用者の商号又は名称	夢電気工事					H 21年 10月まで
職　　名	実　務　経　験　の　内　容				実 務 経 験 年 数	
事業主	横浜市 日本教育訓練センター電気工事 他				H18年1月から H18年12月まで	
事業主	横浜市 赤島マンション電気工事 他				H19年1月から H19年12月まで	
事業主	横浜市 電書マンション電気工事 他				H20年1月から H20年12月まで	
					年 月から 年 月まで	
					年 月から 年 月まで	
					年 月から 年 月まで	
					年 月から 年 月まで	
					年 月から 年 月まで	
					年 月から 年 月まで	
					年 月から 年 月まで	
					年 月から 年 月まで	
					年 月から 年 月まで	
					年 月から 年 月まで	
					年 月から 年 月まで	
					年 月から 年 月まで	
使用者の証明を得ることができない場合はその理由					合計 満 3年 0月	

記載要領
1 この証明書は、許可を受けようとする建設業に係る建設工事の種類ごとに、被証明者1人について、証明者別に作成すること。
2 「職名」の欄は、被証明者が所属していた部課名等を記載すること。
3 「実務経験の内容」の欄は、従事した主な工事名等を具体的に記載すること。
4 「合計 満 年 月」の欄は、実務経験年数の合計を記載すること。

図 5.55　実務経験証明書

①注意点

夢勝は第二種電気工事士であり，専任技術者としての証明として，資格取得後3年間の実務経験が必要であるため，その実務経験証明を記入します．

5 電気工事士のキャリア・アップと起業

図 5.56　許可申請者（法人の役員等）の住所，生年月日等に関する調書

①注意点

取締役夢光子の調書を記入します．

5.5　建設業許可申請（電気工事業）および電気工事業開始届

図 5.57　登記されていないことの証明書

> **!注意点**

法務局において，後見登記ファイルに成年被後見人，被保佐人と記録されている者は 103 ページ，(5) 2 ①で役員の欠格要件に該当するので，不該当であることを証明するために，役員（取締役）夢光子が後見登記されていないことの証明書を添付します。

5　電気工事士のキャリア・アップと起業

身　分　証　明　書

本籍　横浜区市南区東町1丁目2番地3

本人氏名　夢　光子

生年月日　昭和42年6月10日

　　　　禁治産、準禁治産者名簿に記載がありません。

　　　　後見の登記の通知を受けていません。

　　　　破産者名簿に記載がありません。

　　　　上記のとおり証明します。

平成21年10月27日

横浜市南区長　

発行番号　0000002016

（防止対策が施してあります。）

横浜市

図5.58　身分証明書

❗注意点

本籍地の市区町村において，役員（取締役）夢光子が禁治産，準禁治産名簿に記載がない，法務局から後見登記の通知がない，破産者名簿に記載がないことの身分証明書を取得します。

5.5 建設業許可申請（電気工事業）および電気工事業開始届

様式第十四号（第四条関係）

（用紙A 4）

株 主 （ 出 資 者 ） 調 書

株主（出資者）名	住　　所	所有株数又は出資の価額
夢　勝	横浜市南区東町1-2-3	100 株

記載要領
　この調書は、総株主の議決権の100分の5以上を有する株主又は出資の総額の100分の5以上に相当する出資をしている者について記載すること。

図 5.59　株主（出資者）調書

①注意点

夢勝が株主として 100 株全額保有することの調書です.

5 電気工事士のキャリア・アップと起業

図 5.60 履歴事項全部証明書

❶注意点

建設業許可申請者が法人であることを証するため，法務局から取得した法人登記簿謄本を添付します．

5.5 建設業許可申請（電気工事業）および電気工事業開始届

本人

法 人 設 立 届 出 書　　※ 整理番号

税務署受付印

平成21年11月30日

横浜南　税務署長殿

新たに内国法人を設立したので届け出ます。

本店又は主たる事務所の所在地	横浜市南区東町1-2-3　電話　045-341-00000
納 税 地	同上
（フリガナ）	カブシキガイシャユメデンキコウジ
法 人 名	株式会社　夢電気工事
法 人 番 号	1 2 3 4 5 6 7 8 9 0 0 0 0
（フリガナ）	ユメマサル
代表者氏名	夢 勝　㊞
代表者住所	同上

設 立 年 月 日	平成21年10月30日	事業年度	自 10月1日　　　至 9月30日
設立時の資本金又は出資金の額	5,000,000 円	消費税の新設法人に該当することとなった事業年度開始の日	21年10月30日

事業の目的

（定款等に記載しているもの）　電気工事業

（現に営んでいるもの又は営む予定のもの）　電気工事業

支店・出張所・工場等

名称	所在地
	電話（　）　－
	電話（　）　－
	電話（　）　－
	電話（　）　－

設 立 の 形 態

1 個人企業を法人組織とした法人である場合
2 合併により設立した法人である場合
3 新設分割により設立した法人である場合（□分割型・□分社型・□その他）
4 現物出資により設立した法人である場合
5 その他（　　）㊞

設立の形態が1～4である場合の設立前の個人企業、合併により消滅した法人、分割法人又は出資者の状況	事業主の氏名、合併により消滅した法人の名称、分割法人の名称又は出資者の氏名、名称	納 税 地	事 業 内 容 等
	夢 勝	同上	電気工事業

設立の形態が2～4である場合の適格区分	適 格 ・ その他

事業開始（見込み）年月日	平成21年10月30日
「給与支払事務所等の開設届出書」提出の有無	有 ・ 無

添付書類

1 定款等の写し
2 登記事項証明書
3 株主等の名簿
4 設立趣意書
5 設立時の貸借対照表
6 合併契約書の写し
7 分割計画書の写し
8 その他（　　）

関与税理士	氏名	税務　太郎
	事業所所在地	

設立した法人が連結子法人である場合	連結親法人名	
	連結親法人の納税地	〒　電話（　）－
	所轄税務署	
	「完全支配関係を有することになった旨等を記載した書類」の提出年月日	連結親法人 年 月 日　連結子法人 年 月 日

税理士署名押印	税務　太郎　㊞

※税務署処理欄	部門	決算期	業種番号	番号	入力	名簿	通信日付印	年 月 日	確認印

29.06改正

図 5.61　法人設立届出書

！注意点

新設法人は納税証明書が添付できないので，代用として税務署にあらかじめ提出していた法人設立届出書の写しを添付します．

5 電気工事士のキャリア・アップと起業

確 認 資 料

以下の順に書類を綴じてください。（○必要書類　▲必要な場合に添付）

区　　　　分	申　　請			変更届
	新規	般・特 業追	更新	
印鑑証明書	▲	▲	▲	▲
預貯金残高証明書	▲	▲		
経営業務の管理責任者の常勤の確認書類	▲	▲	▲	▲
経営業務の管理責任者の経験の確認書類	▲	▲		▲
専任技術者の常勤の確認書類	▲	▲		▲
専任技術者の経験の確認書類	▲	▲		▲
令第3条に規定する使用人の常勤の確認書類	▲	▲	▲	▲
営業所の確認資料 （案内図、所有状況、写真の順）	○		○	▲
健康保険等に関する確認資料	▲	▲	▲	

※上記の他、許可換え新規申請の場合は、許可通知書の写し、改姓・改名に係る変更届の場合は必要に応じて戸籍抄本又は住民票抄本を添付してください。

許 可 番 号： （ 般 － ） 第　　　　　号
（新規は除く）

会 社 名： 株式会社夢電気工事

受付印

図 5.62　確認資料

①注意点

確認資料の申請欄の「新規」に即して資料を綴じます.

5.5 建設業許可申請（電気工事業）および電気工事業開始届

図 5.63　印鑑登録証明書

①注意点

123，129ページのように元事業主としての証明が必要な場合は，市区町村の個人登録印（実印）の押印が必要であるため，念のため印鑑登録証明書を添付します。

5 電気工事士のキャリア・アップと起業

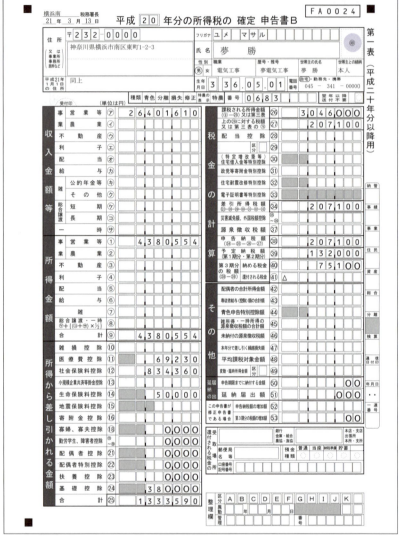

図 5.64　所得税の確定申告書

①注意点

個人事業主時代の確定申告書を証明年数分（経営業務の管理責任者と専任技術者の実務経験年数）の写しを添付します．（原本提示）今回は経営経験 5 年以上，第二種電気工事士の実務経験 3 年以上が必要ですので，双方包含した丸 5 年分以上の確定申告書の原本の準備が必要となります．（個人事業廃止届は割愛）証明資料については許可行政庁への確認が必要です．

5.5 建設業許可申請（電気工事業）および電気工事業開始届

図 5.65　営業所所在地案内図

①注意点
最寄りの交通機関から，わかりやすい案内図を利用します．

5 電気工事士のキャリア・アップと起業

申立書

株式会社夢電気工事の営業所として、代表取締役である夢勝より無償で下記物件を借り受けています。

物件住所：横浜市南区東町1－2－3

平成21年11月26日

神奈川県知事殿

　　　　　　　　　（本　　店）横浜市南区東町1－2－3
　　　　　　　　　（商　　号）株式会社　夢電気工事
　　　　　　　　　（代表取締役）夢　勝

図5.66　申立書

❶注意点

営業所は通常自社所有であれば不動産登記簿謄本，賃貸借であればその契約書の写しを添付します．今回は後者のパターンですが夢勝が所有する自宅を無償で貸しているので，その申立書写を添付しております．
　（夢勝の不動産登記簿謄本は割愛）

5.5 建設業許可申請（電気工事業）および電気工事業開始届

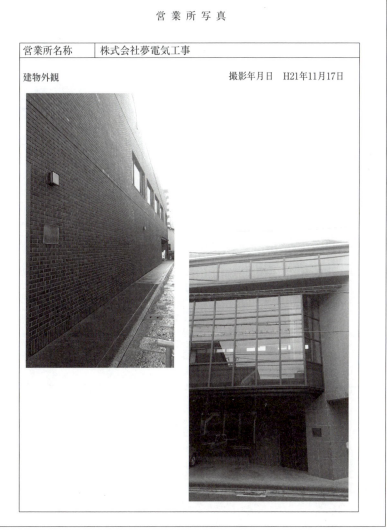

図 5.67　営業所写真

！注意点

営業所の実在性を示すために，外観，事務所内，応接室などを撮影した写真を添付します．

5 電気工事士のキャリア・アップと起業

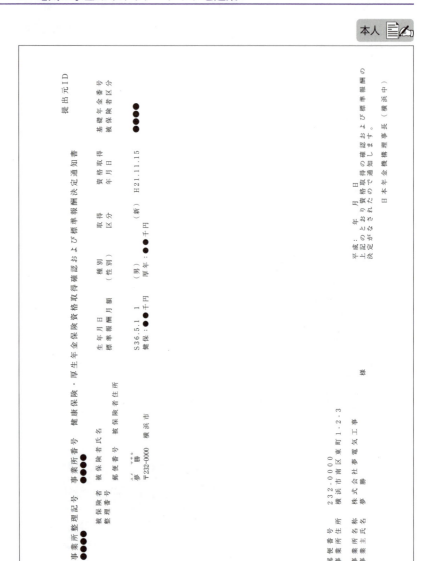

図 5.68　健康保険・厚生年金保険資格取得確認および標準報酬決定通知書

!注意点

120ページの加入状況のとおり，夢勝が社会保険に加入していることを証する保険証またはこちらの書類の写しを添付します。

5.5　建設業許可申請（電気工事業）および電気工事業開始届

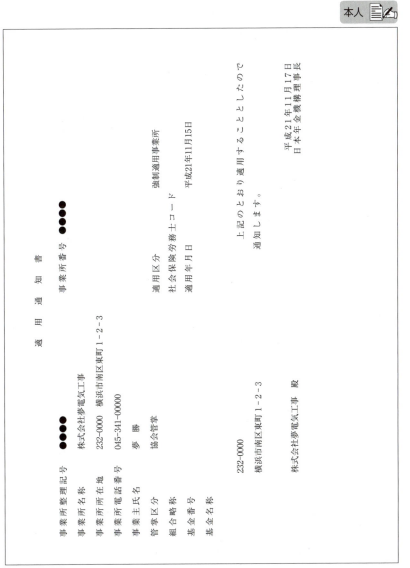

図5.69　適用通知書

> ①注意点

個人だけではなく，会社としても健康保険，厚生年金の適用事業所であることを証明するための資料となります．

5 電気工事士のキャリア・アップと起業

　以上で建設業許可新規申請が完了いたしました．

　その結果，神奈川県知事より，約2ヵ月後に建設業許可通知書が送付されてきました．これで晴れて株式会社夢電気工事は建設業許可業者となりました．

図5.70　一般建設業の許可について（通知）

> !注意点

建設業許可手続が完了すると，許可行政庁から発行される通知です．これで晴れて電気工事業での建設業許可業者となります．
許可の有効期間は5年間で，許可が満了する日の3ヵ月前から30日前までの間に更新の手続きが必要です．これを怠ると許可は失効しますので注意して下さい．

5.5 建設業許可申請（電気工事業）および電気工事業開始届

　引き続き，株式会社夢電気工事は建設業許可がなされた事を証明する建設業許可通知書の写しを添付して，電気工事業法上必要である，みなし登録電気工事業の届出申請を神奈川県安全防災局安全防災部工業保安課（横浜市内の営業所のため）にします．

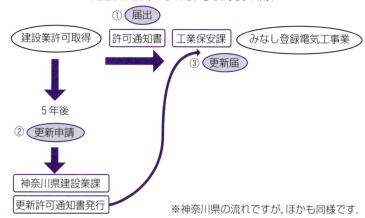

※神奈川県の流れですが，ほかも同様です．

●電気工事業開始届の必要書類

届出書類
　（神奈川県知事登録の内容ですが，ほかもほぼ同様です．）
☑　①　電気工事業開始届出書
☑　②　建設業許可証の写し
☑　③　主任電気工事士に関する誓約書（主任電気工事士が取締役以外の場合必要）
☑　④　雇用証明書（主任電気工事士が取締役以外の場合必要）
☑　⑤　主任電気工事士等の実務経験証明書（主任電気工事士が第二種電気工事士の場合必要）

添付書類・確認書類など
☑　⑥　電気工事士免状の写し（免状原本を持参）
☑　⑦　登録電気工事業者登録証（登録電気工事業者から移行の際に必要）

5 電気工事士のキャリア・アップと起業

● 補足事項 ●

　今回の株式会社夢電気工事に関する，実務上の補足と致しましては，以下のような事項がございます．

> ①　建設業許可申請書の工事経歴書は決算期未到来のため記載しない．
>
> ②　使用人数は，常勤者のみの記載であり，非常勤の夢光子は人数に入らない．
>
> ③　実務経験証明書については，専任技術者として3年以上の実務経験が必要であるので，登録電気工事業者時代の実務経験を記載している．
>
> ④　印鑑証明書は，③の実務経験証明が自己証明であるため，その真正を担保する必要から，証明書に押印した印鑑の証明書を念のため添付している．
>
> ⑤　申立書は，本店所在地の事務所を所有する夢勝が，株式会社夢電気工事に対して当分無償で使用貸借することに至ったため，作成・添付したものである．有償の場合は，通常賃貸借契約書が必要となる．

5.5 建設業許可申請(電気工事業)および電気工事業開始届

●株式会社夢電気工事の電気工事業開始届出書の流れ

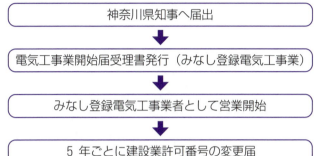

※注 建設業許可を5年ごとに更新するたびに,新たな許可番号を神奈川県に届け出ます.建設業許可番号とは,年度を指します.212ページ参照.

①注意点

建設業許可業者は,建設業課に毎年の決算報告届(4ヵ月以内)や建設業法上の各種変更届(変更後2週間〜30日以内)を建設業課に提出しなければなりません.また,みなし登録電気工事業の変更届として建設業変更届の控えまたは主任電気工事士の変更があれば工業保安課に届出が必要です.

補足として,法人設立後,個人事業の登録電気工事業から法人への切替手続は別途行っております.

5 電気工事士のキャリア・アップと起業

様式第18（規則第24条関係）

電気工事業開始届出書

× 整理番号
× 受理年月日　　年　月　日

平成 22 年　1 月　25 日

神奈川県知事殿
（地域県政総合センター所長）

〒　232 － 0000
TEL1　045 － 341 － 00000
TEL2　090 － 0123 － 45678
（TEL2は、日中に連絡がつく電話番号を記載ください）
FAX　045 － 341 － 00000
住所　　横浜市南区東町1丁目2番地3

氏名又は
会社名　　株式会社 夢電気工事

法人にあっ
ては代表者　代表取締役　夢　勝　　　　　㊞
の氏名

　　　電気工事業を開始しましたので、電気工事業の業務の適正化に関する法律第34条第4項の規定により、次のとおり届け出ます。

1　建設業法第3条第1項の規定による許可を受けた年月日及び許可番号

　　許可（ 般 － 21 ）第　　777777　　号　平成 22 年　1 月　20 日

2　電気工事業を開始した年月日

　　　　　　　　　　平成　　　年　　　月　　　日

3　営業所等

営業所の名称	所在の場所	電気工事の種類 （該当する種類にすべてに○をつけて下さい）	主任電気工事士等の氏名	主任電気工事士免状の種類及び交付番号（種類はどちらかに○をつけて下さい）
本店	同上	一般用電気工作物 自家用電気工作物	夢　勝	第一種　第二種 神奈川県 第　2222222　号

（備考）　1 この用紙の大きさは、日本工業規格A4とすること。
　　　　2 ×印の項は、記載しないこと。
　　　　3 電気工事の種類の欄には、「一般用電気工作物」又は「自家用電気工作物」を記載すること。
　　　　4 主任電気工事士等の氏名の欄には、その者が法第19条第2項に該当する場合にあっては※印を付すること。
　　　　5 自家用電気工作物に係る電気工事のみを行っている営業所については、主任電気工事士等の氏名の欄及び電気工事士免状の種類及び交付番号の欄には記載することを要しない。
　　　　6 氏名を記載し、押印することに代えて、署名することができる。この場合において、署名は必ず本人が自署するものとする。

図 5.71　電気工事業開始届出書

① 注意点

建設業許可後のみなし登録電気工事業の届出になります。
47 ページの登録電気工事業者登録申請書と様式が似ていますが、図中1の建設業法第3条第1項の規定による、許可通知書記載の年月日と許可番号を記入する点が明白に異なります。左上の様式番号に注意して下さい。

5.5 建設業許可申請（電気工事業）および電気工事業開始届

電気工事士免状の写し
※原本提示

建設業許可通知書の写し

図 5.72　電気工事士免状と建設許可通知書の写し

!注意点

電気工事士免状の写しと建設業許可通知書の写しを添付します．なお，電気工事士免状は行政庁への原本提示となります．

5 電気工事士のキャリア・アップと起業

図5.73 主任電気工事士に関する誓約書

①注意点

主任電気工事士が法第6条の登録拒否事由に該当しないことを誓約する書面です．

5.5 建設業許可申請（電気工事業）および電気工事業開始届

県様式第11号（電気工事業登録等関係事務処理要領）

主任電気工事士等実務経験証明書

下記1の第二種電気工事士は、下記2の期間、担当業務により、電気工事に従事していた者に相違ありません。

平成 22 年 1 月 25 日

神奈川県知事殿
（地域県政総合センター所長）

証明者

登録番号又は届出受理番号	神奈川県知事登録　第 5555555 号
登録又は届出年月日	平成18年2月15日
登録当初年月日	平成 3年2月15日
住所	横浜市南区東町1丁目2番地3
会社名	夢電気工事
代表者氏名	夢 勝　　㊞
会社の事業内容	電気工事業

1 電気工事士

主任電気工事士の氏名	夢 勝
生 年 月 日	昭和36年5月1日
免 状 交 付 番 号	神奈川県 第 2222222号

2 電気工事に従事した期間・担当した業務

期　　　間	平成3年2月15日～平成21年10月29日
担 当 し た 業 務	店舗・住宅の室内外配線工事、エアコン取り付け工事等

※ 期間が複数にわたる場合は、余白部分か、別紙に、電気工事者が従事した期間・担当した業務を記載してください。

（備考）　1 この用紙の大きさは、日本工業規格A4とすること。

図 5.74　主任電気工事士等実務経験証明書

① 注意点

50 ページと同一の書面です.

151

5 電気工事士のキャリア・アップと起業

雇用証明書（申請者以外の従業員が主任電気工事士になる場合に提出）

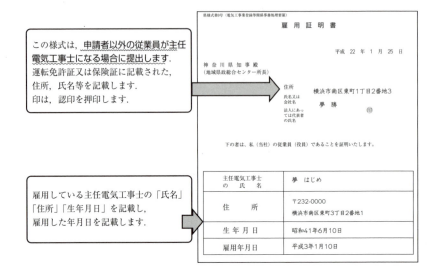

図 5.75　雇用証明書の補足

> **①注意点**
>
> 51ページと同一の書面です．申請者以外の従業員が主任電気工事士になる場合に提出します．

152

6 許認可,登録の活用法

6.1 許認可,登録のその後 ～隣接する業種追加による市場参入～

> 個人事業から法人成りして建設業の許可を取得した,電気工事業者の現在の姿

個人事業主から法人成りした株式会社夢電気工事は,平成21年11月26日に建設業許可新規申請した結果,平成22年1月22日に許可通知書が神奈川県建設業課より発行され,同日中並行して電気工事業開始届出書（みなし登録電気工事業の届出）を神奈川県工業保安課に提出いたしました.

以上により晴れて1件あたりの受注金額が500万円以上の電気工事を建設業法上も受注する資格を得たことになりました.その後,株式会社夢電気工事は個人事業主時代と比較して,電気工事業で一定の業績を重ねることで,どのような成長の変化がみられるようになったのでしょうか？

●建設業許可,みなし登録電気工事業者開始後の株式会社夢電気工事●

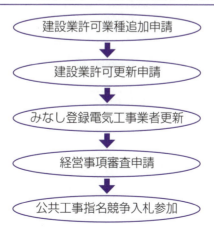

153

6 許認可，登録の活用法

●業種追加

　一般建設業許可業者かつ電気工事業（みなし登録電気工事業者）の株式会社夢電気工事は，決算期第4期を経過した後，今後クライアントから屋内消火栓設置工事，スプリンクラー設置工事，消火設備工事，屋外消火栓設置工事，火災報知設備工事，漏電火災警報器設置工事，非常警報設備工事などの受注が見込まれるようになったため，それらの仕事を電気工事業とともに受注すべく，甲種4類消防設備士の資格をもつ松和男を採用しました．

　また，同時にビルのテナント間仕切り工事や，クロス張り替え工事内部造作工事，そしてそれらを併せた増改築工事の受注が見込まれるため，一級建築士を保有する，呉紀子を採用しました．
　以上の二つの資格を活用して，株式会社夢電気工事は以下の建設業許可を業種追加する手続きを，申請致しました．

```
今回の業種追加 ＝ 電気工事業に加えて，
              建築工事業 ＋ 消防施設工事業
```

●業種追加の流れ

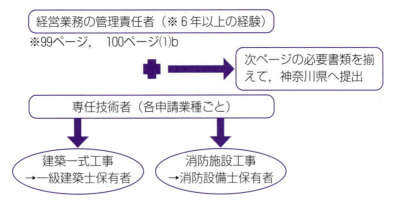

6.1 許認可，登録のその後 〜隣接する業種追加による市場参入〜

　松和男が取得した消防設備士では消防施設工事業が，呉紀子の一級建築士では建築工事業の建設業許可が申請対象になります．

　一級建築士の資格では建築以外の内装や大工など複数の業種追加が可能ですが，今回は，電気工事，建築工事，消防施設工事とし，3業種で会社経営を発展させる形を選択しております．

●建設業許可業種追加申請必要書類(株式会社夢電気工事のケース)

- ☑ 1．建設業許可申請書
- ☑ 2．役員等の一覧表
- ☑ 3．営業所一覧表
- ☑ 4．収入証紙等はり付け欄
- ☑ 5．専任技術者一覧表
- ☑ 6．工事経歴書
- ☑ 7．直前3年の各事業年度における工事施工金額
- ☑ 8．使用人数
- ☑ 9．誓約書
- ☑ 10．経営業務の管理責任者証明書，略歴書
- ☑ 11．専任技術者証明書
- ☑ 12．松和男，呉紀子の国家資格合格証
- ☑ 13．許可申請者（法人の役員等）の調書
- ☑ 14．健康保険等の加入状況
- ☑ 15．登記されていないことの証明書
- ☑ 16．身分証明書
- ☑ 17．確認資料表紙記載の個別資料（常勤確認および健康保険などの支払いなど）
- ☑ 18．申請手数料（証紙代）　50 000 円

6

許認可，登録の活用法

155

6 許認可，登録の活用法

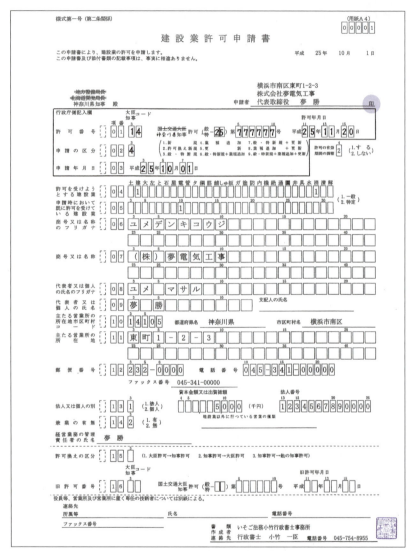

図6.1 建設業許可申請書

> **!注意点**

107ページの建設業許可新規申請と異なり，許可を受けようとする建設業は建築工事業，消防施設工事業ですので，「建」「消」の欄に一般建設業許可を示す数字の1を記入します．申請時において，すでに許可を受けている建設業は電気工事業ですので，「電」の欄に数字の1を記入します．

行政庁側記入欄の扱いは107ページ後段のとおりです．

6.1 許認可，登録のその後 ～隣接する業種追加による市場参入～

別紙一 (用紙Ａ４)

役 員 等 の 一 覧 表

平成 25 年 10 月 1 日

役員等の氏名及び役名等		
氏　　　名	役　名　等	常勤・非常勤の別
ユメ マサル 夢　勝	代表取締役	常勤
ユメ ミツコ 夢　光子	取締役	非常勤

1　法人の役員，顧問，相談役又は総株主の議決権の100分の5以上を有する株主若しくは出資の総額の100分の5以上に相当する出資をしている者（個人であるものに限る。以下「株主等」という。）について記載すること。
2　「株主等」については，「役名等」の欄には「株主等」と記載することとし，「常勤・非常勤の別」の欄に記載することを要しない。

図 6.2　役員等の一覧表

①注意点

108 ページと同一の書面です.

6 許認可，登録の活用法

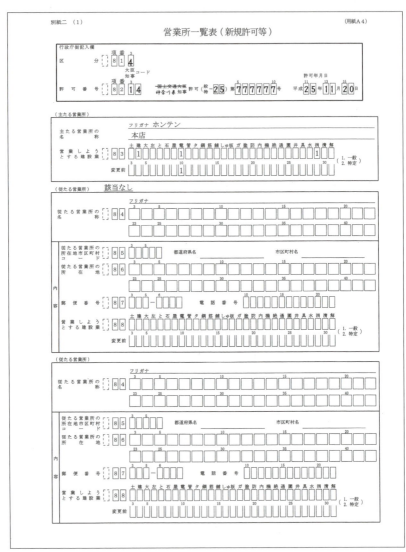

図 6.3 営業所一覧表（新規許可等）

①注意点

109 ページと同一の書面です．ただし，業種追加なので営業しようとする建設業に一般建設業である数字 1 を入れる箇所は「建」「消」と「電」となります．変更前は「電」に対してとなります．

6.1 許認可，登録のその後 ～隣接する業種追加による市場参入～

図 6.4　収入印紙などのはり付け欄

！注意点

110 ページと同一の書面です．ただし，業種追加なので県の証紙 5 万円分を貼付します．

6 許認可，登録の活用法

別紙四

専任技術者一覧表

平成 25 年 10月 1日

営業所の名称	フリガナ 専任の技術者の氏名	建設工事の種類	有資格区分
本店	ユメ マサル 夢 勝	電-7	56
	マツ カズオ 松 和男	消-7	68
	クレ ノ リコ 呉 紀子	建-7	37

図 6.5 専任技術者一覧表

①注意点

111 ページと同一の書面です．ただし，業種追加なので当初の夢勝が電気工事業のほか，松和男が消防施設工事業の，呉紀子が建築工事業の専任技術者として申請します．

6.1 許認可，登録のその後 ～隣接する業種追加による市場参入～

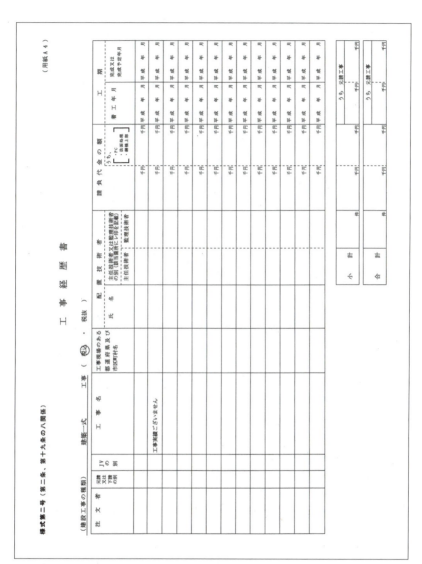

図 6.6 工事経歴書（建築一式）

⚠注意点

112 ページと同一の書面です．直前決算期における工事経歴を記入します．ただし今回は，建築一式工事の実績がないため「工事実績ございません」と記入します．

6 許認可，登録の活用法

様式第二号（第二条、第十九条の八関係）

（建設工事の種類）　消防施設

工 事 経 歴 書

工事（税込・税抜）

（用紙Ａ４）

注文者	元請又は下請の別	JVの別	工 事 名	工事現場のある都道府県及び市区町村名	配置技術者 氏 名	配置技術者 主任技術者又は監理技術者の別（注）（当該欄に○印を記載） 主任技術者・監理技術者	請 負 代 金 の 額 うち ・PC ［・法面処理 ・鋼橋上部］	着 工 年 月	工 期 完成又は完成予定年月
			工事実績ございません				千円 千円	平成　年　月	平成　年　月
							千円 千円	平成　年　月	平成　年　月
							千円 千円	平成　年　月	平成　年　月
							千円 千円	平成　年　月	平成　年　月
							千円 千円	平成　年　月	平成　年　月
							千円 千円	平成　年　月	平成　年　月
							千円 千円	平成　年　月	平成　年　月
							千円 千円	平成　年　月	平成　年　月
							千円 千円	平成　年　月	平成　年　月
							千円 千円	平成　年　月	平成　年　月
							千円 千円	平成　年　月	平成　年　月
							千円 千円	平成　年　月	平成　年　月
							千円 千円	平成　年　月	平成　年　月
小　計						件	千円 千円	うち元請工事 千円	千円
合　計						件	千円 千円	うち元請工事 千円	千円

図6.7　工事経歴書（消防施設）

①注意点

112，161ページと同一の書面です．直前決算期における工事経歴を記入します．ただし今回は，消防施設工事の実績がないため「工事実績ございません」と記入します．

6.1 許認可，登録のその後 ～隣接する業種追加による市場参入～

様式第三号　（第二条関係）　　　　　　　　　　　　　　　　　　　（用紙Ａ４）

直前３年の各事業年度における工事施工金額

（税込・税抜／単位：千円）

事　業　年　度	注文者の区分		許可に係る建設工事の施工金額				その他の建設工事の施工金額	合　計
			(建) 工事	(電) 工事	(消) 工事	工事		
第 1 期	元請	公　共	0	0	0		0	0
平成21年10月30日から		民　間	0	0	0		0	0
平成22年 9月30日まで	下　請		0	20,500	0		7,557	28,057
	計		0	20,500	0		7,557	28,057
第 2 期	元請	公　共	0	0	0		0	0
平成22年10月 1日から		民　間	0	0	0		0	0
平成23年 9月30日まで	下　請		0	25,150	0		5,919	31,069
	計		0	25,150	0		5,919	31,069
第 3 期	元請	公　共	0	0	0		0	0
平成23年10月 1日から		民　間	0	8,343	0		0	8,343
平成24年 9月30日まで	下　請		0	25,031	0		6,776	31,807
	計		0	33,374	0		6,776	40,150
第　　期	元請	公　共						
平成　年　月　日から		民　間						
平成　年　月　日まで	下　請							
	計							
第　　期	元請	公　共						
平成　年　月　日から		民　間						
平成　年　月　日まで	下　請							
	計							
第　　期	元請	公　共						
平成　年　月　日から		民　間						
平成　年　月　日まで	下　請							
	計							

記載要領
1　この表には，申請又は届出をする日の直前３年の各事業年度に完成した建設工事の請負代金の額を記載すること。
2　「税込・税抜」については，該当するものに丸を付すること。
3　「許可に係る建設工事の施工金額」の欄は，許可に係る建設工事の種類ごとに区分して記載し，「その他の建設工事の施工金額」の欄は，許可を受けていない建設工事について記載すること。
4　記載すべき金額は，千円単位をもって表示すること。
　　ただし，会社法（平成17年法律第86号）第2条第6号に規定する大会社にあっては，百万円単位をもって表示することができる。この場合，「（単位：千円）」とあるのは「（単位：百万円）」として記載すること。
5　「公共」の欄は，国，地方公共団体，法人税法（昭和40年法律第34号）別表第一に掲げる公共法人（地方公共団体を除く。）及び第18条に規定する法人が注文者である施設又は工作物に関する建設工事の合計額を記載すること。
6　「許可に係る建設工事の施工金額」に記載する建設工事の種類が５業種以上にわたるため，用紙が２枚以上になる場合は，「その他の建設工事の施工金額」及び「合計」の欄は，最終ページにのみ記載すること。
7　当該工事に係る実績が無い場合においては，欄に「０」と記載すること。

図6.8　直前３年の各事業年度における工事施工金額

！注意点

113ページと同一の書面です．ただし，建設業許可新規申請時にはなかった実績が，今回３期の決算を経て業種追加申請をする関係で，すでに電気工事の直近第３期の完成工事高は累計 33 374（千円）の実績を出すことができました．

6 許認可，登録の活用法

様式第四号 (第二条関係)　　　　　　　　　　　　　　　　　　　　（用紙Ａ４）

使 用 人 数

平成　25年　10月　1日

営 業 所 の 名 称	技 術 関 係 使 用 人		事務関係使用人	合　　計
	建設業法第７条第２号イ、ロ若しくはハ又は同法第15条第２号イ若しくはハに該当する者	その他の技術関係使用人		
本店	4 人	0 人	1 人	5 人
合　　計	4 人	0 人	1 人	5 人

記載要領
1　この表には、法第５条の規定(法第17条において準用する場合を含む。)に基づく許可の申請の場合は、当該申請をする日、法第11条第３項(法第17条において準用する場合を含む。)の規定に基づく届出の場合は、当該事業年度の終了の日において建設業に従事している使用人数を、営業所ごとに記載すること。
2　「使用人」は、役員、職員を問わず雇用期間を特に限定することなく雇用された者(申請者が法人の場合は常勤の役員を、個人の場合はその事業主を含む。)をいう。
3　「その他の技術関係使用人」の欄は、法第７条第２号イ、ロ若しくはハ又は法第15条第２号イ若しくはハに該当する者ではないが、技術関係の業務に従事している者の数を記載すること。

図6.9　使用人数

①注意点

114ページと同一の書面です．申請許可業種の専任技術者含め，技術職員数，事務関係使用人が増加しています．

164

6.1 許認可，登録のその後 ～隣接する業種追加による市場参入～

様式第六号（第二条関係）   （用紙A4）

誓　　約　　書

申請者、申請者の役員等及び建設業法施行令第３条に規定する使用人並びに法定代理人及び法定代理人の役員等は、同法第８条各号（同法第17条において準用される場合を含む。）に規定されている欠格要件に該当しないことを誓約します。

平成　　25年　　10月　　1日

横浜市南区東町1-2-3
株式会社夢電気工事
申請者　代表取締役　夢　勝　　　　印

地方整備局長
北海道開発局長
神奈川県知事　　殿

記載要領

「　地方整備局長
　　北海道開発局長　　については、不要のものを消すこと。
　　　　　　知事　」

図6.10　誓約書

①注意点

115ページと同一の書面です.

6

許認可，登録の活用法

165

6 許認可，登録の活用法

様式第二十号の三(第四条、第十条関係)

(用紙A4)

健 康 保 険 等 の 加 入 状 況

① 健康保険等の加入状況は下記のとおりです。
② 下記のとおり、健康保険等の加入状況に変更があったので、届出をします。

平成 25 年 10 月 1 日

地方整備局長
北海道開発局長
神奈川県 知事 殿

申請者
届出者

横浜市南区東町1-2-3
株式会社夢電気工事
代表取締役　夢　勝　　　　　印

許 可 番 号　国土交通大臣　許可(般-21)第 777777 号　平成 22 年 1 月 20 日
　　　　　　　神奈川県 知事　　　　特　　　　　　　　　　許可年月日

(営業所毎の保険加入の有無)

営業所の名称	従業員数	保険加入の有無			事業所整理記号等	
		健康保険	厚生年金保険	雇用保険		
本店	6人 (2人)	1	1	1	健康保険 厚生年金保険 雇用保険	■■ ▲▲▲ ■■ ▲▲▲ ●●●●●●-●●●
	人 (人)				健康保険 厚生年金保険 雇用保険	
	人 (人)				健康保険 厚生年金保険 雇用保険	
	人 (人)				健康保険 厚生年金保険 雇用保険	
	人 (人)				健康保険 厚生年金保険 雇用保険	
合計	6人 (2人)					

書　類　いそご法務小竹行政書士事務所
作 成 者
連 絡 先　行政書士　小竹　一臣　電話番号　045-754-8955

図6.11　健康保険等の加入状況

⚠注意点

120ページと同一の書面です．ただし，保険加入従業員数は増加し，役員以外の従業員が増えたため雇用保険は適用になっております．

よって，雇用保険の数字が3→1（適用除外から適用）に変更されています．

6.1 許認可，登録のその後 ～隣接する業種追加による市場参入～

閲覧対象外法定書類
（＿＿＿業種追加＿＿＿申請）

以下の順に書類を綴じてください。（○必要書類 ▲該当する場合に添付）

区　　　分	新規 許可換	般・特 業追	更新
経営業務の管理責任者証明書（第七号） 及び略歴書（第七号別紙）	○	○	○
専任技術者証明書（新規・変更）（第八号）	○	○	
資格者証（写し）、卒業証明書等、実務経験証明書 （第九号）、指導監督的実務経験証明書（第十号）	▲	▲	
国家資格者等・監理技術者一覧表（第十一号の二） 及び添付書類	▲	▲	
許可申請者（法人の役員等・本人）の調書（第十二号）、 登記されていないことの証明書及び身分証明書（※1）	○	○	○
令第3条に規定する使用人の調書（第十三号）、登記さ れていないことの証明書及び身分証明書　　（※2）	▲	▲	▲
株主（出資者）調書（第十四号）	○		▲
商業登記簿謄本又は履歴事項全部証明書	○		○
納税証明書	○		

※1　許可申請者（法人の役員等・本人）に関する書類は一人ずつまとめ、許可申請書（様式
　　第一号）別紙一「役員等の一覧表」に記入した順に綴じてください。
※2　令第3条に規定する使用人に関する書類は一人ずつまとめ、令第3条に規定する使用人
　　の一覧表（様式第十一号）に記入した順に綴じてください。

許 可 番 号 ： （ 般 - 21 ） 第 777777 号
(新規は除く)

会 社 名 ： 株式会社夢電気工事

受付印

図 6.12　閲覧対象外法定書類（業種追加申請）

①注意点

122 ページと同一の書面です．ただし，タイトルは業種追加申請であり，区
分の業種追加欄で法定書類を確認しますと，新規申請時に比べて添付書類が
3 種類少なくなっております．理由は行政庁では会社の実在性はすでに審査
しており，納税状況は毎年の決算報告届で確認しているためです．

様式第七号（第三条関係）

（用紙Ａ４）
0 0 0 0 2

経営業務の管理責任者証明書

（１）　下記の者は、　（電）　工事業に関し、次のとおり経営業務の管理責任者としての経験を有することを証明します。

役職名等　代表取締役

経験年数　H 15年 1月から H 20年 12月まで／H 21年 1月から H 25年 9月まで　満 10年 7月

証明者と被証明者との関係　役員

備考　神奈川県知事許可（般21）第777777号
許可期間　H22. 1. 20～　電気工事業
ただし、申請業種についてはロ該当

平成　25年　10月　1日

横浜市南区東町1-2-3
株式会社夢電気工事
証明者　代表取締役　夢　勝　印

（２）　下記の者は、許可申請者｛の常勤の役員／~~本　　人~~／~~の支配人~~｝で建設業法第７条第１号｛イ／ロ｝に該当する者であることに相違ありません。

平成　25年　10月　1日

~~地方整備局長~~
~~北海道開発局長~~
神奈川県知事　殿

横浜市南区東町1-2-3
株式会社夢電気工事
申請者／~~届出者~~　代表取締役　夢　勝　印

申請又は届出の区分　項番 1 7　4　（1. 新規　2. 変更　3. 経営業務の管理責任者の追加　4. 経営業務の管理責任者の更新等）

変更又は追加の年月日　平成　年　月　日

許可番号　大臣・知事コード 1 8　1 4　~~国土交通大臣~~／神奈川県知事 許可（般／~~特~~－2 1）第 7 7 7 7 7 7 号　許可年月日 平成 2 2 年 0 1 月 2 0 日

記

◎【新規・変更後・経営業務の管理責任者の追加・経営業務の管理責任者の更新等】

氏名のフリガナ　1 9　ユ メ

氏名　2 0　夢 □ 勝 □ □ □ □ □ □ □　生年月日　S 3 6 年 0 5 月 0 1 日　元号〔平成H、昭和S、大正T、明治M〕

住所　横浜市南区東町1-2-3

◎【変　更　前】

氏名　2 1　□ □ □ □ □ □ □ □ □ □　生年月日　□ □ □ 年 □ □ 月 □ □ 日　元号〔平成H、昭和S、大正T、明治M〕

備考
経営業務の管理責任者の略歴については、別紙による。

図 6.13　経営業務の管理責任者証明書

①注意点

123 ページと同一の書面です．ただし，経営業務の管理責任者としての経験年数が増加し，証明者と申請者が株式会社夢電気工事代表取締役夢勝となっております．備考欄では，建設業許可情報を記載します．

6.1 許認可，登録のその後 ～隣接する業種追加による市場参入～

別紙 （用紙A4）

経営業務の管理責任者の略歴書

現　　住　　所	横浜市南区東町1-2-3				
氏　　　　　名	夢 勝		生　年　月　日	S 36年　5月　1日生	
職　　　　　名	代表取締役　（常勤）				

	期　　　　間	従　事　し　た　職　務　内　容
職	自　S61年　4月　1日 至　S62年　4月　30日	電畜電設株式会社　勤務
	自　S62年　7月　1日 至　H 2年　12月　31日	久美電設株式会社　勤務
	自　H 3年　3月　1日 至　H21年　10月　29日	夢電気工事　個人事業主
	自　H21年　10月　30日 至　　年　　月　　日	株式会社夢電気工事　設立　代表取締役に就任
	自　　年　　月　　日 至　　年　　月　　日	現在に至る
	自　　年　　月　　日 至　　年　　月　　日	
	自　　年　　月　　日 至　　年　　月　　日	
	自　　年　　月　　日 至　　年　　月　　日	
	自　　年　　月　　日 至　　年　　月　　日	
歴	自　　年　　月　　日 至　　年　　月　　日	
	自　　年　　月　　日 至　　年　　月　　日	
	自　　年　　月　　日 至　　年　　月　　日	

	年　　月　　日	賞　罰　の　内　容
賞		なし
罰		

上記のとおり相違ありません。

平成　25年　10月　1日　　　　　　氏 名　　夢 勝　㊞

記載要領
※　「賞罰」の欄は、行政処分等についても記載すること。

図 6.14　経営業務の管理責任者の略歴書

⚠注意点

124 ページと同一の書面です.

6 許認可，登録の活用法

本人

登記されていないことの証明書

①氏　　名	夢　勝		
②生年月日	明治 大正 昭和 平成 □ □ ☑ □	西暦または □	｜3｜6｜年 ｜5｜月 ｜1｜日
③住　　所	都道府県名 神奈川県	市区郡町村名 横浜市南区東町	
	丁目大字地番 1丁目2番地3		
④本　　籍	都道府県名	市区郡町村名	
□ 国籍	丁目大字地番（外国人は国籍を記入）		

上記の者について、後見登記等ファイルに成年被後見人、被保佐人とする記録がないことを証明する。

平成25年9月17日

東京法務局　登記官　　　　　　　　　　法務　太郎

東京法務局登記官印

［証明書番号］2015-0200A——

図 6.15　登記されていないことの証明書

!注意点

125ページと同一の書面です.

170

6.1 許認可，登録のその後 ～隣接する業種追加による市場参入～

本人

身 分 証 明 書

本　　籍　横浜区市南区東町1丁目2番地3

本人氏名　夢　勝

生年月日　昭和36年5月1日

禁治産、準禁治産者名簿に記載がありません。

後見の登記の通知を受けていません。

破産者名簿に記載がありません。

上記のとおり証明します。

平成25年9月27日

横浜市南区長

発行番号　0000002616

図6.16　身分証明書

⚠注意点

126ページと同一の書面です.

171

6 許認可，登録の活用法

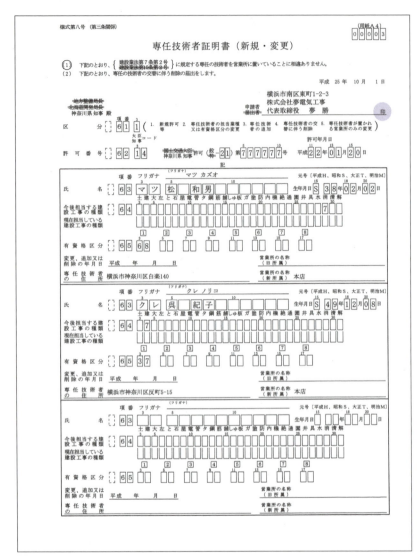

図6.17 専任技術者証明書（新規）

①注意点

127ページと同一の書面です．今回の業種追加では業種追加に係る専任技術者の氏名と保有する資格を記入しています．つまり，すでに電気工事は許可業種であるため，専任技術者夢勝の情報は記入しません．

6.1 許認可，登録のその後 ～隣接する業種追加による市場参入～

図 6.18 免状の写し

!注意点

今回新たに業種追加する，消防施設工事専任技術者としての松和男の免状の写しです．原本を提示します．

6 許認可，登録の活用法

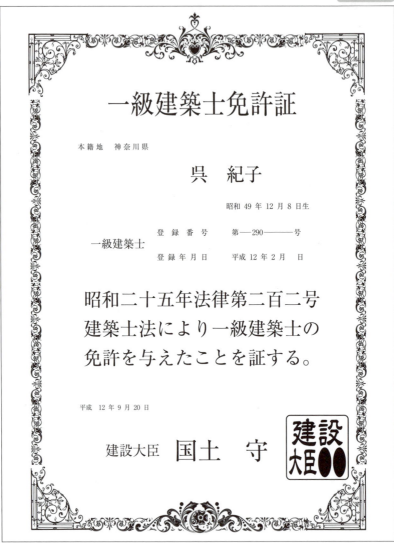

図 6.19 一級建築士免許証の写し

!注意点

今回新たに業種追加する，建築一式工事専任技術者としての呉紀子の免状の写しです．原本を提示します．

6.1 許認可，登録のその後　〜隣接する業種追加による市場参入〜

図 6.20　許可申請者（法人の役員等）の住所，生年月日等に関する調書

⚠注意点

130 ページと同一の書面です．

6 許認可，登録の活用法

図 6.21 登記されていないことの証明書

!注意点

131 ページと同一の書面です．

6.1 許認可，登録のその後 ～隣接する業種追加による市場参入～

本人 📝

防止対策が施してあります。

身 分 証 明 書

本籍　横浜区市南区東町１丁目２番地３

本人氏名　夢　光子

生年月日　昭和42年６月10日

　　　　　禁治産、準禁治産者名簿に記載がありません。

　　　　　後見の登記の通知を受けていません。

　　　　　破産者名簿に記載がありません。

　　　　　上記のとおり証明します。

平成25年９月27日

横浜市南区長　㊞

発行番号　　0000002616

横浜市

図 6.22　身分証明書

⚠注意点

132 ページと同一の書面です．

6

許認可，登録の活用法

177

6 許認可，登録の活用法

確 認 資 料

以下の順に書類を綴じてください。（○必要書類　▲必要な場合に添付）

区　　分	申　請			変更届
	新規	般・特業追	更新	
印鑑証明書	▲	▲	▲	▲
預貯金残高証明書	▲	▲		
経営業務の管理責任者の常勤の確認書類	▲	▲	▲	▲
経営業務の管理責任者の経験の確認書類	▲	▲		▲
専任技術者の常勤の確認書類	▲	▲	▲	▲
専任技術者の経験の確認書類	▲	▲		▲
令第３条に規定する使用人の常勤の確認書類	▲	▲	▲	▲
営業所の確認資料 　（案内図、所有状況、写真の順）	○		○	▲
健康保険等に関する確認資料	▲	▲	▲	

※上記の他、許可換え新規申請の場合は、許可通知書の写し、改姓・改名に係る変更届の
場合は必要に応じて戸籍抄本又は住民票抄本を添付してください。

許可番号：　（ 般 － 21 ）　第 777777 号
(新規は除く)

会 社 名：　株式会社夢電気工事

受付印

図 6.23　確認資料

⚠注意点

136 ページと同一の書面です．ただし，申請区分が業種追加となります．また，許可番号と会社名を記入します．

6.1 許認可，登録のその後 ～隣接する業種追加による市場参入～

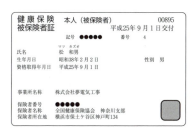

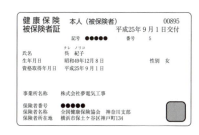

原本に相違ありません

平成25年10月1日

　　　　（本　　　店）横浜市南区東町1-2-3

　　　　（商　　　号）株式会社　夢電気工事

　　　　（代表取締役）夢　勝　　　　　　印

図6.24　健康保険被保険者証の写し

!注意点

業種追加において新たに専任技術者となる2名の常勤確認として健康保険証の写しを添付します．

6 許認可，登録の活用法

図 6.25　保険料納入告知額・領収済額通知書

①注意点

社会保険加入に関する確認資料として，株式会社夢電気工事の直近の健康保険料および厚生年金保険料の領収書の写しを添付します。

6.1 許認可，登録のその後 ～隣接する業種追加による市場参入～

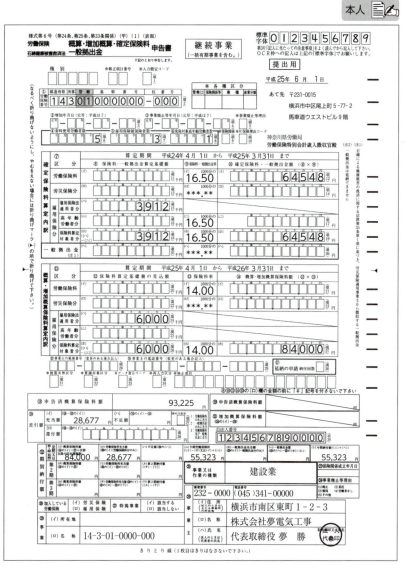

図 6.26 労働保険確定保険料申告書

!注意点

労働保険（雇用保険）の確認資料として，株式会社夢電気工事の概算確定申告書の写しを添付します．

6 許認可，登録の活用法

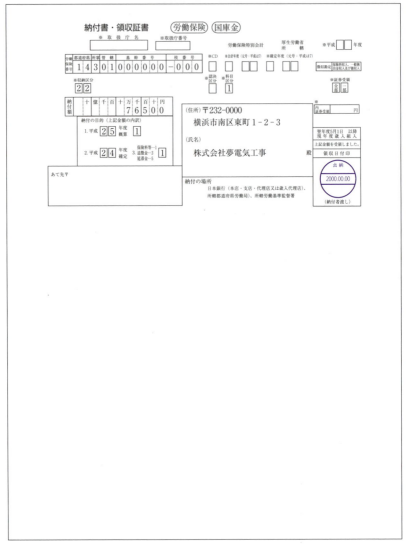

図 6.27 労働保険納付書・領収証書

①注意点

雇用保険に関する確認資料として，181 ページの申告書に対応する株式会社夢電気の直近の領収証書の写しを添付します．

6.1 許認可，登録のその後 ～隣接する業種追加による市場参入～

● 補足事項 ●

　株式会社夢電気工事は，業種追加申請「確認資料」において，新専任技術者，松和男と呉紀子の健康保険証により社会保険の適用を受けている常勤者であることを証明しました．そして，会社としても社会保険の領収済額通知書，労働保険（雇用保険）の申告書と領収書を添付することにより，必要な福利厚生制度加入がなされていることを証明しています．

　このことは，建設業許可新規申請，業種追加申請のみならず，建設業許可更新申請においても必要な確認事項です．

●建設業許可更新申請と電気工事業に係る変更届（みなし登録電気工事業者登録更新）

　建設業の許可は，許可日から5年間で有効期間が満了しますので，継続して建設業を営む場合は，許可が満了する日の3ヵ月前から30日前までの間に更新の手続きが必要です．

　この手続きを行わず，許可満了日が過ぎてしまいますと，許可が失効し，許可が必要な場合は，改めて新規申請となり，許可番号もこれまでの番号は維持できなくなります．

　申請書類は，後述の建設業許可申請書および添付資料一覧（閲覧対象外法定書類 194 ページ，確認資料 203 ページ）のとおりです．

　また，みなし登録電気工事業者は，建設業更新申請完了後の許可通知書を添付して，「電気工事業に係る変更届出書」を提出する必要がありますので，ご注意下さい．

6　許認可，登録の活用法

①注意点

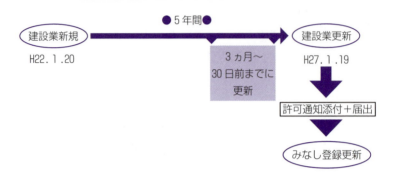

☆建設業更新，みなし登録電気工事業者更新時の注意☆

- ☑　建設業許可営業年度終了届（決算変更届）の毎年度の提出
- ☑　役員，商号，本店などに変更がある際の変更届の提出
- ☑　経営業務の管理責任者，専任技術者が常勤であること
- ☑　特定建設業の許可の場合，直前の決算で財産的基礎要件の維持
- ☑　みなし登録電気工事業者は，電気工事業に係る変更届出書を提出

変更事項は，変更後2週間～30日以内に（内容によります）
（決算変更届は営業年度終了後4ヵ月以内）

　建設業更新申請は，許可が満了する日の3ヵ月前から30日前に必ず提出しましょう！

※それでは次ページからは建設業許可更新申請の実例に入ります！

6.1　許認可, 登録のその後　～隣接する業種追加による市場参入～

> **Story**
> 　当初は電気工事業のみであった建設業許可に建築工事業と消防施設工事業を業種追加したことで, 仕事の受注に広がりが感じられるようになりました. ただし, 業種追加をしても, 電気工事業に関しては, みなし登録電気工事業者として引き続き登録を併存させる必要があります.

●建設業許可更新申請必要書類（株式会社夢電気工事のケース）

☑　1．建設業許可申請書
☑　2．役員等の一覧表
☑　3．営業所一覧表
☑　4．収入証紙等はり付け欄
☑　5．専任技術者一覧表
☑　6．誓約書
☑　7．経営業務の管理責任者証明書, 略歴書
☑　8．営業の沿革
☑　9．許可申請者（法人の役員など）の調書
☑　10．健康保険等の加入状況
☑　11．登記されていないことの証明書
☑　12．身分証明書
☑　13．確認資料表紙記載の個別資料（常勤確認および健康保険などの支払いなど）
☑　14．会社登記簿謄本
☑　15．営業所の確認資料（契約書, 写真）
☑　16．申請手数料（証紙代）　50 000 円

●建設業許可更新申請後●

神奈川県に建設業許可番号の変更届

建設業許可通知書の写しを添付
※許可番号が変わる

※注　建設業許可を 5 年ごとに更新するたび, 新たな許可番号の年度を届け出.

6 許認可，登録の活用法

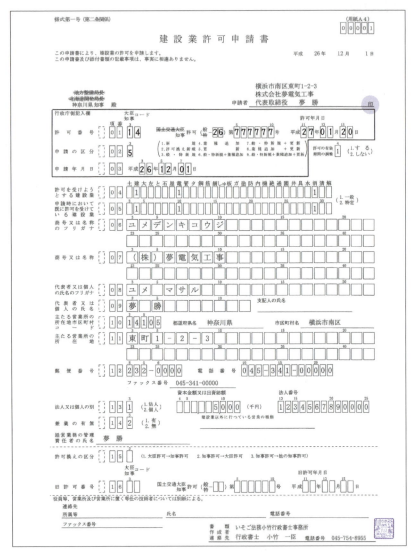

図 6.28 建設業許可申請書

①注意点

107 ページの新規申請，156 ページの業種追加申請と同一の様式です．今回は更新申請ですので，許可を受けようとする建設業と申請時において，すでに許可を受けている建設業はいずれも現在許可を得ている 3 業種となっております．

6.1 許認可，登録のその後 ～隣接する業種追加による市場参入～

別紙一 　　　　　　　　　　　　　　　　　　　　　　　　　　　(用紙Ａ４)

役 員 等 の 一 覧 表

平成　26 年　12 月　1 日

役員等の氏名及び役名等		
氏　　　　　名	役　名　等	常勤・非常勤の別
ユメ マサル 夢　勝	代表取締役	常勤
ユメ ミツコ 夢　光子	取締役	非常勤

1　法人の役員、顧問、相談役又は総株主の議決権の100分の5以上を有する株主若しくは出資の総額の100分の5以上に相当する出資をしている者（個人であるものに限る。以下「株主等」という。）について記載すること。
2　「株主等」については、「役名等」の欄には「株主等」と記載することとし、「常勤・非常勤の別」の欄に記載することを要しない。

図 6.29　役員等の一覧表

！注意点

108，157 ページ同様の役員等の一覧表になります．

187

6 許認可，登録の活用法

別紙二（2）   （用紙Ａ４）

営 業 所 一 覧 表 （ 更 新 ）

	営業所の名称	所在地（郵便番号・電話番号）	営業しようとする建設業 特定	一般
営業所 主たる	本店	〒232-0000 横浜市南区東町1-2-3 (TEL)045-341-00000		（建）（電）（消）
従たる営業所	該当なし	〒 (TEL)		
		〒 (TEL)		
		〒 (TEL)		
		〒 (TEL)		
		〒 (TEL)		
		〒 (TEL)		
		〒 (TEL)		
		〒 (TEL)		

1　「主たる営業所」及び「従たる営業所」の欄は、それぞれ本店、支店又は常時建設工事の請負契約を締結する事務所のうち該当するものについて記載すること。
2　「営業しようとする建設業」の欄は、許可を受けている建設業のうち左欄に記載した営業所において営業しようとする建設業を、許可申請書の記載要領6の表の（ ）内に示された略号により、一般と特定に分けて記載すること。

図6.30　営業所一覧表（更新）

！注意点

109，158ページの営業所一覧表（新規許可等）と異なり，更新申請用の一覧になります．

6.1 許認可,登録のその後 〜隣接する業種追加による市場参入〜

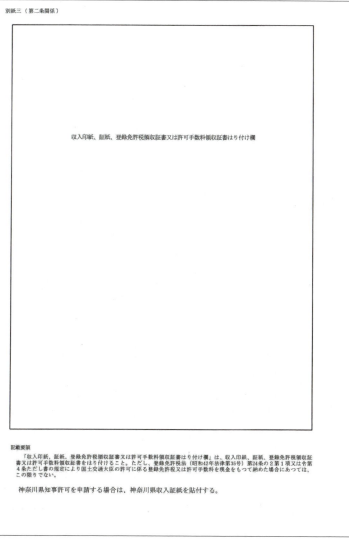

図 6.31 収入印紙などのはり付け欄

❶注意点

110,159 ページと同一の様式です.ただし,更新申請なので県の証紙 5 万円分を貼付します.

6 許認可，登録の活用法

別紙四

専任技術者一覧表

平成 26 年 12 月 1 日

営業所の名称	フリガナ 専任の技術者の氏名	建設工事の種類	有資格区分
本店	ユメ マサル 夢 勝	電-7	56
	マツ カズオ 松 和男	消-7	68
	クレ ノリコ 呉 紀子	建-7	37

図6.32 専任技術者一覧表

①注意点

111，160 ページと同一の様式です．ただし，専任技術者は業種追加後の3者となっております．

190

6.1 許認可, 登録のその後 ～隣接する業種追加による市場参入～

様式第六号(第二条関係)　　　　　　　　　　　　　　　　　　　　　　(用紙A4)

誓　約　書

　申請者、申請者の役員等及び建設業法施行令第3条に規定する使用人並びに法定代理人及び法定代理人の役員等は、同法第8条各号(同法第17条において準用される場合を含む。)に規定されている欠格要件に該当しないことを誓約します。

平成　26年　12月　1日

横浜市南区東町1-2-3
株式会社夢電気工事
申請者　代表取締役　夢　勝　　㊞

~~地方整備局長~~
~~北海道開発局長~~
　神奈川県知事　　　殿

記載要領

「　地方整備局長
　　北海道開発局長　　については、不要のものを消すこと。
　　　　　知事　」

図6.33　誓約書

！注意点

115, 165ページと同一の様式です.

様式第二十号（第四条関係）　　（用紙A４）

営　業　の　沿　革

創業以後の沿革	平成 21 年　10 月　30 日	設立
	年　月　日	
	年　月　日	
	年　月　日	
	年　月　日	
	年　月　日	
	年　月　日	
	年　月　日	
建設業の登録及び許可の状況	平成 22 年　1 月　20 日	建設業許可取得　神奈川県知事許可第777777号　一般　電気工事業
	平成 25 年　11 月　20 日	建設業許可業種追加　〃　一般　建築、消防施設工事業
	年　月　日	
	年　月　日	
	年　月　日	
	年　月　日	
	年　月　日	
	年　月　日	
	年　月　日	
	年　月　日	
賞罰	年　月　日	なし
	年　月　日	
	年　月　日	
	年　月　日	

記載要領
1　「創業以後の沿革」の欄は、創業、商号又は名称の変更、組織の変更、合併又は分割、資本金額の変更、営業の休止、営業の再開等を記載すること。
2　「建設業の登録及び許可の状況」の欄は、建設業の最初の登録及び許可等（更新を除く。）について記載すること。
3　「賞罰」の欄は、行政処分等についても記載すること。

図 6.34　営業の沿革

①注意点

118 ページと同一の様式です．ただし，建設業許可新規申請時の 118 ページと異なり，建設業の登録および許可の状況において，建設業許可新規と業種追加取得時の内容を記入します．また，業種追加申請書類の中には営業の沿革は不要です．

6.1 許認可,登録のその後 〜隣接する業種追加による市場参入〜

図 6.35 健康保険等の加入状況

！注意点

120,166ページと同一の様式です.ただし,現在では166ページの業種追加申請時よりも従業員がさらに増えております.健康保険などの加入状況は業種追加申請時と変わりありません.

6 許認可，登録の活用法

閲 覧 対 象 外 法 定 書 類
(＿＿＿＿更新＿＿＿申請)

以下の順に書類を綴じてください。（○必要書類　▲該当する場合に添付）

区　　分	新規 許可換	般・特 業追	更新
経営業務の管理責任者証明書（第七号） 及び略歴書（第七号別紙）	○	○	○
専任技術者証明書（新規・変更）（第八号）	○	○	
資格者証（写し）、卒業証明書等、実務経験証明書 （第九号）、指導監督的実務経験証明書（第十号）	▲	▲	
国家資格者等・監理技術者一覧表（第十一号の二） 及び添付書類	▲	▲	
許可申請者（法人の役員等・本人）の調書（第十二号）、 登記されていないことの証明書及び身分証明書（※1）	○	○	○
令第3条に規定する使用人の調書（第十三号）、登記さ れていないことの証明書及び身分証明書　　（※2）	▲	▲	▲
株主（出資者）調書（第十四号）	○		▲
商業登記簿謄本又は履歴事項全部証明書	○		○
納税証明書	○		

※1　許可申請者（法人の役員等・本人）に関する書類は一人ずつまとめ、許可申請書（様式
第一号）別紙一「役員等の一覧表」に記入した順に綴じてください。
※2　令第3条に規定する使用人に関する書類は一人ずつまとめ、令第3条に規定する使用人
の一覧表（様式第十一号）に記入した順に綴じてください。

許可番号：　（ 般 － 21 ） 第 777777 号
(新規は除く)

会 社 名： 株式会社夢電気工事

受付印

図 6.36　閲覧対象外法定書類（許可更新申請）

!注意点

122，167 ページと同一の様式です．

タイトルは，更新と記入します．更新申請も新規申請時に比べて添付書類が
3 種類少なくなっております．理由は，専任技術者の資料はすでに確認して
おり，納税状況は毎年の決算報告届で確認しているからです．

6.1 許認可，登録のその後 〜隣接する業種追加による市場参入〜

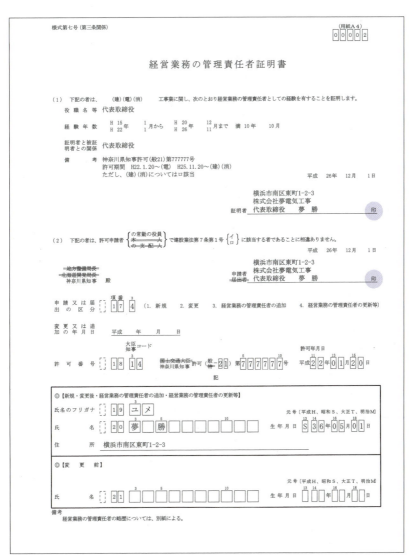

図 6.37 経営業務の管理責任者証明書

❶注意点

123，168 ページと同一の様式です．

ただし，経営業務の管理責任者としての経験年数が増加し，証明者と申請者が株式会社夢電気工事代表取締役夢勝となっております．備考欄に，建設業許可情報を新規，業種追加に分けて記入します．

6 許認可，登録の活用法

別紙　　　　　　　　　　　　　　　　　　　　　　　　　　　　　　　（用紙Ａ4）

経営業務の管理責任者の略歴書

現　　住　　所	横浜市南区東町1-2-3						
氏　　　　　名	夢　勝		生　年　月　日		S　36年	5月	1日生
職　　　　　名	代表取締役　（常勤）						

	期　　　　　間	従　事　し　た　職　務　内　容
職	自　S61年　4月　1日 至　S62年　4月　30日	電書電設株式会社　勤務
	自　S62年　7月　1日 至　H 2年　12月　31日	久美電設株式会社　勤務
	自　H 3年　3月　1日 至　H21年　10月　29日	夢電気工事　個人事業主
	自　H21年　10月　30日 至　　　年　　月　　日	株式会社夢電気工事　設立　代表取締役に就任
	自　　　年　　月　　日 至　　　年　　月　　日	現在に至る
	自　　　年　　月　　日 至　　　年　　月　　日	
	自　　　年　　月　　日 至　　　年　　月　　日	
	自　　　年　　月　　日 至　　　年　　月　　日	
	自　　　年　　月　　日 至　　　年　　月　　日	
	自　　　年　　月　　日 至　　　年　　月　　日	
	自　　　年　　月　　日 至　　　年　　月　　日	
歴	自　　　年　　月　　日 至　　　年　　月　　日	
	自　　　年　　月　　日 至　　　年　　月　　日	
	自　　　年　　月　　日 至　　　年　　月　　日	

	年　　月　　日	賞　　罰　　の　　内　　容
賞		なし
罰		

上記のとおり相違ありません。

平成　26年　12月　1日　　　　　　　　　氏名　　夢　勝　㊞

記載要領
※　「賞罰」の欄は，行政処分等についても記載すること。

図 6.38　経営業務の管理責任者の略歴書

①注意点

124，169 ページと同一の様式です．

6.1 許認可，登録のその後　〜隣接する業種追加による市場参入〜

本人

登記されていないことの証明書

①氏　　名	夢　勝		
②生年月日	明治 大正 昭和 平成 または 西暦 □ □ ☑ □ □	｜　｜3｜6｜年　｜　5｜月　｜　1｜日	
③住　　所	都道府県名 神奈川県	市区郡町村名 横浜市南区東町	
	丁目大字地番 1丁目2番地3		
④本　　籍	都道府県名	市区郡町村名	
□　国籍	丁目大字地番（外国人は国籍を記入）		

上記の者について、後見登記等ファイルに成年被後見人、被保佐人とする記録がないことを証明する。

平成26年11月17日

東京法務局　登記官　　　　　　　　法務　太郎

東京法務局登記官印

［証明書番号］2014-0200A———

図 6.39　登記されていないことの証明書

①注意点

125，170ページと同一の書面です．

6

許認可，登録の活用法

6 許認可，登録の活用法

図 6.40 身分証明書

①注意点

126，171 ページと同一の書面です．

6.1　許認可，登録のその後　～隣接する業種追加による市場参入～

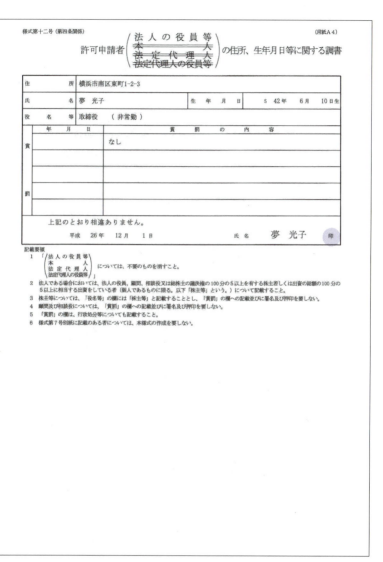

図 6.41　許可申請者（法人の役員等）の住所，生年月日等に関する調書

①注意点

130, 175 ページと同一の様式です．

6 許認可，登録の活用法

図 6.42　登記されていないことの証明書

！注意点

131, 176 ページと同一の書面です．

6.1　許認可，登録のその後　〜隣接する業種追加による市場参入〜

防止対策が施してあります。

身　分　証　明　書

本籍　横浜区市南区東町1丁目2番地3

本人氏名　夢　光子

生年月日　昭和42年6月10日

禁治産、準禁治産者名簿に記載がありません。

後見の登記の通知を受けていません。

破産者名簿に記載がありません。

上記のとおり証明します。

平成26年10月27日

横浜市南区長

発行番号　0000002616

横浜市

図6.43　身分証明書

①注意点

132，177ページと同一の書面です．

6 許認可，登録の活用法

履歴事項全部証明書

横浜市南区東町1丁目2番地3
株式会社夢電気工事

会社法人等番号	1234-56-7890000
商 号	株式会社夢電気工事
本 店	横浜市南区東町1丁目2番地3
公告をする方法	当会社の公告は，官報に掲載してする。
会社成立の年月日	平成21年10月30日
目 的	1. 電気工事業 2. 前号に附帯する一切の業務
発行可能株式総数	200株
発行済株式の総数 並びに種類及び数	発行済株式の総数 100株
資本金の額	金500万円
株式の譲渡制限に関する規定	当会社の発行する株式は，すべて譲渡制限株式とし，これを譲渡によって取得するには，株主総会の承認を要する。ただし，当会社の株主に譲渡する場合は承認があったものとみなす。
役員に関する事項	取締役　　夢　　勝
	取締役　　夢　光　子
	横浜市南区東町1丁目2番地3 代表取締役　夢　　勝
登記記録に関する事項	設立 　　　　　　　　　　　　　　　　平成21年10月30日登記

これは登記簿に記録されている閉鎖されていない事項の全部であることを証明した書面である。
（横浜地方法務局管轄）
　　　　　　　　　　　平成26年11月10日
　　　　　　　　　　　横浜地方法務局
　　　　　　　　　　　登記官　　　　　　　法務　太郎

整理番号　C070　　　＊下線のあるものは末梢事項であることを示す。　　　1／1

図6.44　履歴事項全部証明書

!注意点

134ページと同一の書面です．業種追加申請書類には必要な場合のみ添付します．

6.1 許認可，登録のその後 〜隣接する業種追加による市場参入〜

確 認 資 料

以下の順に書類を綴じてください。（○必要書類　▲必要な場合に添付）

区　分	申　請 新規	申　請 般・特業追	申　請 更新	変更届
印鑑証明書	▲	▲	▲	▲
預貯金残高証明書	▲	▲		
経営業務の管理責任者の常勤の確認書類	▲	▲	▲	▲
経営業務の管理責任者の経験の確認書類	▲	▲		
専任技術者の常勤の確認書類	▲	▲	▲	▲
専任技術者の経験の確認書類	▲	▲		
令第3条に規定する使用人の常勤の確認書類	▲	▲	▲	▲
営業所の確認資料（案内図、所有状況、写真の順）	○		○	▲
健康保険等に関する確認資料	▲	▲	▲	

※上記の他、許可換え新規申請の場合は、許可通知書の写し、改姓・改名に係る変更届の場合は必要に応じて戸籍抄本又は住民票抄本を添付してください。

許可番号：　（ 般 − 21 ）　第 777777 号
（新規は除く）

会　社　名：　株式会社夢電気工事

受付印

図 6.45　確認資料

①注意点

136，178 ページと同一の様式です．

6　許認可，登録の活用法

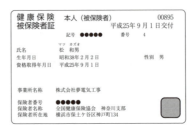

原本に相違ありません

平成26年12月1日

　　　　　　　　（本　　店）横浜市南区東町1－2－3
　　　　　　　　（商　　号）株式会社　夢電気工事
　　　　　　　　（代表取締役）夢　勝　　　　　　印

図6.46　健康保険被保険者証の写し

!注意点

179ページと同一の書面です．専任技術者としての常勤確認書類です．ただし，電気工事業の専任技術者夢勝は代表取締役ですので，神奈川県知事許可の場合は常勤性を登記簿謄本上で確認しております．

6.1 許認可，登録のその後 ～隣接する業種追加による市場参入～

図 6.47 営業所所在地案内図

> **!注意点**

139 ページと同一の様式です．なお，203 ページ確認資料のとおり，営業所の確認資料は新規と更新申請時に必要です．（業種追加では不要）

6　許認可，登録の活用法

本人

申立書

株式会社夢電気工事の営業所として、代表取締役である夢勝より

無償で下記物件を借り受けています。

物件住所：横浜市南区東町１－２－３

平成 26 年 12 月 1 日

神奈川県知事殿

（本　　店）横浜市南区東町１－２－３
（商　　号）株式会社　夢電気工事
（代表取締役）夢　勝　　　　　印

図 6.48　申立書

①注意点

140 ページと同一の書面です．営業所は通常自社所有であれば不動産登記簿
謄本，賃貸借であればその契約書写を添付します．新規申請同様今回も後者
のパターンですが，夢勝が所有する自宅を無償で貸しているので，その申立
書写を添付しております．
（夢勝の不動産登記簿謄本は割愛）

206

6.1 許認可,登録のその後 ～隣接する業種追加による市場参入～

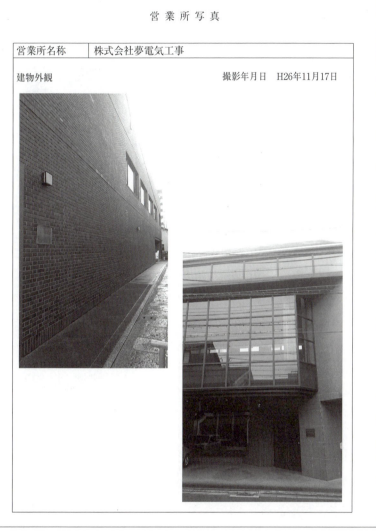

図 6.49 営業所写真

⚠️注意点

141 ページと同一の様式です．ただし，写真は外観，事務所内，応接室などが同じでも最新の写真を添付します．

6 許認可，登録の活用法

図 6.50 保険料納入告知額・領収済額通知書

!注意点

180ページと同一の書面です．

6.1　許認可，登録のその後　～隣接する業種追加による市場参入～

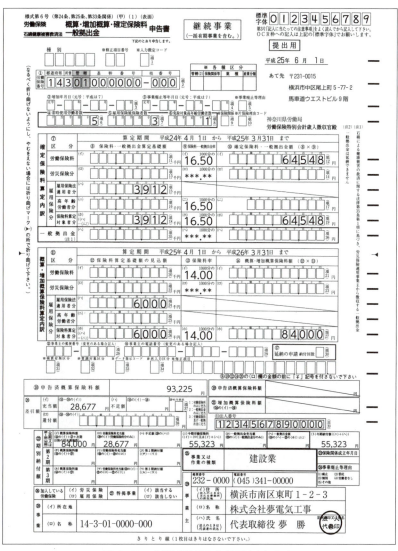

図6.51　労働保険確定保険料申告書

⚠️注意点

181ページと同一の書面です．なお，保険料は181ページと便宜上同額としておりますが，実際の労働保険料は毎年改定されます．

6 許認可，登録の活用法

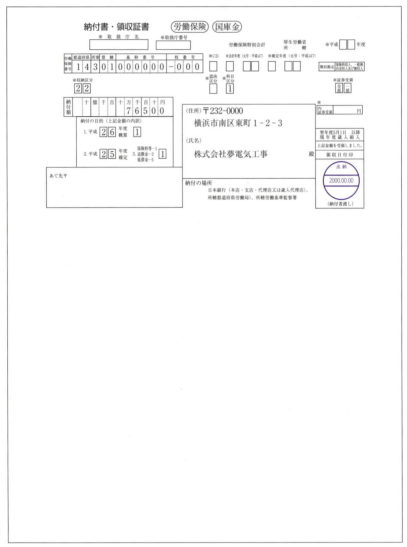

図 6.52 労働保険納付書・領収証書

①注意点

182 ページと同一の書面です．

6.1　許認可，登録のその後　～隣接する業種追加による市場参入～

```
                                          建業第○○△△□□号
〒232-0000                                 平成27年1月22日
神奈川県横浜市南区
東町1-2-3

(株)夢電気工事

夢　勝　様

              神奈川県知事　神奈　一郎        
```

```
              一般建設業の許可について（通知）

   平成26年12月1日付けで申請のあった一般建設業については、
   建設業法第3条第1項の規定により、下記のとおり許可したので、
   通知します。

                      記

   許　可　番　号    神奈川県知事　許可（般－26）第777777号
   許可の有効期間    平成27年1月20日から平成32年1月19日まで
   建設業の種類      建築工事業　電気工事業
                    消防施設工事業


   注) 許可の更新申請を行う場合の書類提出期限：平成31年12月12日
      （この日が行政庁の休日に該当する場合は、直後の開庁日）
```

図6.53　一般建設業の許可について（通知）

！注意点

144ページと同一の書面です．ただし，新規許可取得時とは異なり，電気工事業のほか，建築工事業，消防施設工事業を業種追加した上での建設業許可更新申請完了後の通知書となっております．有効期間は新たな5年間です．

6 許認可，登録の活用法

様式第19(規則第25条関係)

電気工事業に係る変更届出書

×整理番号	
×受理年月日	年　月　日

平成 27 年　1 月　25日

神 奈 川 県 知 事 殿
（地域県政総合センター所長）

（〒232-0000）電話　045 （ 341 ） 00000 番

住　　所　**横浜市南区東町1丁目2番地3**

氏名又は名称　**株式会社 夢電気工事**

法人にあっては　**代表取締役 夢 勝**

代表者の氏名

　電気工事業の開始に伴う届出事項について変更がありましたので、電気工事業の業務の適正化に関する法律第34条第4項の規定により、次のとおり届け出ます。

1　建設業法第3条第1項の規定による許可を受けた年月日及び許可番号

　　　（ 般 - 26 ）第　777777　号 **平成27年　1 月　20 日**

2　変更事項の内容

従 前 の 内 容	変 更 後 の 内 容
（般-21）　第777777号	（般-26）　第777777号

※営業所等の所在の場所の場合は、建設業許可証の記載のとおり記入してください。

3　変更の年月日

　　　平成27年　1 月　20 日

4　変更の理由

　　　建設業許可更新に伴う許可番号変更のため

(備 考) 1 この用紙の大きさは、日本工業規格A4とすること。**届出番号 神奈川県知事 届出第　　8888888　　号**
　　　　2 ×印の項は、記載しないこと。

図 6.54　電気工事業に係る変更届出書

①注意点

　211 ページの建設業許可通知書（ただし許可更新分）の写しを添付して，本書式を管轄の工業保安課に届け出るための様式です．

212

6.1 許認可，登録のその後 ～隣接する業種追加による市場参入～

● 補足事項 ●

　株式会社夢電気工事は，建設業許可更新申請の後，神奈川県知事から平成 27 年 1 月 22 日付で発行された建設業許可通知書の写しを添えて，神奈川県工業保安課に対して電気工事業に係る変更届出書（みなし登録電気工事業の更新）を 1 月 25 日に提出したことになります．

　また，今回神奈川県より発行された建設業許可通知書は建設業許可新規申請後のものとは異なり，建設業許可業種追加申請分の許可も同時に更新手続を行ったため，「建設業の種類」が 3 業種となっていることに注意が必要です．

　さらに「確認資料」において，専任技術者，松和男と呉紀子が健康保険証により社会保険に加入している常勤者であることを証明しています．また，会社としても社会保険の領収済額通知書，雇用保険の申告書と領収書を添付することより，必要な福利厚生制度加入がなされていることを証明しています．

　このことは，すでに解説いたしました建設業許可新規申請，業種追加申請と同様，建設業許可更新申請においても必要な確認事項です．

6 許認可，登録の活用法

●建設業許可決算変更届（営業年度終了届）

建設業許可業者は，毎事業年度終了後4カ月以内に許可行政庁に対して建設業許可決算変更届を提出する必要があります．

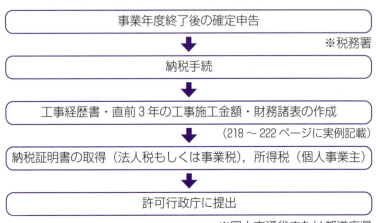

図6.55　決算変更届作成と提出の流れ

提出すべき書類
・決算変更届
・工事経歴書（様式第2号）
・直前3年の工事施工金額（様式第3号）
・財務諸表（法人用と個人用は異なります）
・事業報告書（株式会社の場合）
・納税証明書（知事許可は「事業税」，大臣許可は「法人税」または「所得税」）
・使用人数（変更がある場合に必要です）
・定款（変更がある場合に必要です）
・健康保険などの加入状況（変更がある場合に必要です）

※決算変更届を提出しない建設業者は，許可取消のほか，罰金刑などの対象となる場合があるので要注意です．（建設業法第50条）

6.1 許認可，登録のその後 ～隣接する業種追加による市場参入～

● 補足事項 ●

　次ページ以降の株式会社夢電気工事に関する，実例上の補足と致しましては，以下のような前提があります．（商号，個人名，現場名は仮称）

① 　本店1ヵ所の法人であり，神奈川県知事許可である．

② 　変更届出書（決算報告）の工事経歴書は，建設業許可業種追加後の直近決算かつ3業種での実績である．

③ 　工事経歴書の配置技術者に，建設業許可上の専任技術者は原則として配置できない．

④ 　工事経歴書の工事実績は，業種ごとに70％以上の工事請負実績を記載しなければならない．

⑤ 　変更届（決算報告）は毎年の決算終了後4ヵ月以内に所轄の許可行政庁に提出しなければならない．これを提出しないと建設業許可の更新はできない．

⑥ 　変更届に添付する財務諸表は建設業法施行規則で定める様式としなければならない．（今回は表紙以下は割愛）

⑦ 　工事経歴書の，戸塚市発注の工事は公共工事であるので，後述する経営事項審査と戸塚市の競争入札指名参加願（工事）をあらかじめ申請完了している．

6　許認可，登録の活用法

変　更　届　出　書
（決　算　報　告）

平成　29 年　12 月　1 日

　　　　　許可番号　　　神奈川県知事　許可（　般　―　26　）　第　777777　号
　　　　　法人番号　　　（　　1234567890000　　）

　　　　　　　　　　　　横浜市南区東町1-2-3
　　　　　　　　　　　　株式会社夢電気工事
　　　　　届出者　　　　代表取締役　　夢　勝

　　　　　　　　　　　　神奈川県横浜市磯子区東町15－32－503
　　　　　代理人　　　　行政書士　　　小竹　一臣　　　　　　　　　印

神 奈 川 県 知 事　　殿

　事業年度（第　8　期　平成 28 年　10 月　1 日から平成 29 年　9 月　30 日まで）が
終了したので，別添のとおり，下記の書類を提出します．

記

　①　工事経歴書　　②　工事施工金額　　③　貸借対照表及び損益計算書
　④　株主資本等変動計算書及び注記表　　⑤　事業報告書　　(6) 附属明細表
　⑦　事業税納付済額証明書　　(8) 使用人数
　(9)　建設業法施行令第3条に規定する使用人の一覧表　　(10) 定款

記載要領
　1　（1）から（10）までの事項については，該当するものの番号を○で囲むこと．

　　　　　　　　　　　　　　　書　　類　いそご法務小竹行政書士事務所
　　　　　　　　　　　　　　　作　成　者
　　　　　　　　　　　　　　　連　絡　先　行政書士　小竹　一臣　　電話番号　045-754-8955

図 6.56　変更届出書（決算報告）

！注意点

建設業許可決算報告届の表紙になります．
許可番号と法人番号，事業年度，提出すべき資料に○を付します．

6.1 許認可，登録のその後 ～隣接する業種追加による市場参入～

委　任　状

（住　　所）　横浜市磯子区東町15-32モンビル503

（氏　　名）　いそご法務　小竹行政書士事務所

　　　　　　　行政書士　小竹　一臣

（電話番号）　０４５－７５４－８９５５

（登録番号）　第０２０９２２９５号

私は、上記の者を代理人と定め，下記の権限を委任します。

記

1.　当会社の建設業営業年度終了届手続に関する一切の件

　　（ただし、平成28年10月1日～平成29年9月30日の期間）

平成２９年１２月１日

（本　　店）　横浜市南区東町１－２－３

（商　　号）　株式会社　夢電気工事

（代表取締役）　夢　勝　　　　　㊞

図 6.57　委任状

①注意点

行政書士に手続の申請代理を依頼した場合の委任状となります．

様式第二号（第二条、第十九条の八関係）

（用紙Ａ４）

（建設工事の種類） 建築一式

工 事 経 歴 書

工事（税込・**税抜**）

注文者	元請又は下請の別	JVの別	工 事 名	工事現場のある都道府県及び市区町村名	配 置 技 術 者 氏名	配置技術者（主任技術者又は監理技術者の別（請負金額に記載））		請 負 代 金 の 額	着工年月	工 期 完成又は完成予定年月
						主任技術者	監理技術者	（うち　・PC　・法面処理　・鋼構造物）		
戸塚市	元請		第一庁舎改修工事	神奈川県戸塚市	建築 一郎	レ		15,000千円 (千円)	平成29年1月	平成29年3月
Q様	元請		Q邸改築工事	神奈川県中市	建築 一郎	レ		8,000千円 (千円)	平成29年3月	平成29年5月
								千円	平成　年　月	平成　年　月
								千円	平成　年　月	平成　年　月
								千円	平成　年　月	平成　年　月
								千円	平成　年　月	平成　年　月
								千円	平成　年　月	平成　年　月
								千円	平成　年　月	平成　年　月
								千円	平成　年　月	平成　年　月
								千円	平成　年　月	平成　年　月
								千円	平成　年　月	平成　年　月
								千円	平成　年　月	平成　年　月
								千円	平成　年　月	平成　年　月
								千円	平成　年　月	平成　年　月

小　計	2 件		23,000千円 (千円)	うち元請工事	23,000千円 (千円)
合　計	3 件		28,853千円 (千円)	うち元請工事	28,853千円 (千円)

図6.58　工事経歴書（建築一式）

！注意点

工事経歴書は許可業種ごとにまとめます．建築一式工事に係る実績を約7割記入し，配置技術者は許可上の専任技術者以外の主任技術者を配置します．

6.1 許認可, 登録のその後 ～隣接する業種追加による市場参入～

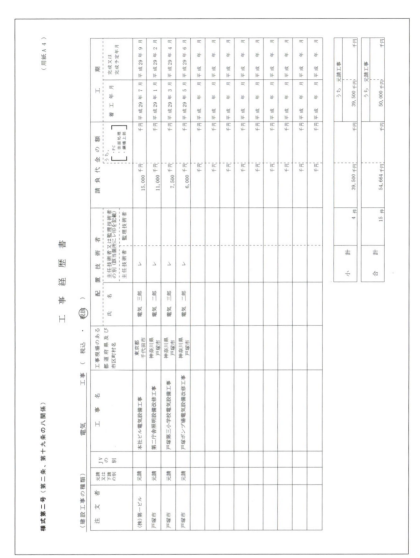

図6.59 工事経歴書（電気）

①注意点

工事経歴書は許可業種ごとにまとめます. 電気工事に係る実績を約7割記入し, 配置技術者は許可上の専任技術者以外の主任技術者を配置します.

6 許認可，登録の活用法

（用紙A4）

様式第二号（第二条，第十九条の八関係）

工事経歴書

（建設工事の種類）　消防施設　工事　（税込・税抜）

注文者	元請又は下請の別	JVの別	工事名	工事現場のある都道府県及び市区町村名	配置技術者 氏名	主任技術者又は監理技術者の別（該当箇所にレ印を記載） 主任技術者・監理技術者	請負代金の額 うち・PC・法面処理・鋼構造物	着工年月	工期 完成又は完成予定年月
(株)電気設備	下請		第四ビル消防設備工事	東京都港市	消防 三郎	レ	2,000 千円	平成29年6月	平成29年6月
(株)電気設備	下請		第五ビル消防設備工事	神奈川県中市	消防 三郎	レ	1,500 千円	平成29年7月	平成29年7月
							千円	平成　年　月	平成　年　月
							千円	年　月	年　月
							千円	年　月	年　月
							千円	年　月	年　月
							千円	年　月	年　月
							千円	年　月	年　月
							千円	年　月	年　月
							千円	年　月	年　月
							千円	年　月	年　月
							千円	年　月	年　月

小計	2件	3,500 千円	うち元請工事 千円
合計	8件	4,609 千円	うち元請工事 千円

図6.60　工事経歴書（消防施設）

！注意点

　工事経歴書は許可業種ごとにまとめます．消防施設工事に係る実績を約7割記入し，配置技術者は許可上の専任技術者以外の主任技術者を配置します．

6.1 許認可，登録のその後 〜隣接する業種追加による市場参入〜

様式第三号　（第二条関係）　　　　　　　　　　　　　　　　　　　　　　　　　　（用紙Ａ４）

直前３年の各事業年度における工事施工金額

（税込・税抜／単位：千円）

事業年度	注文者の区分		許可に係る建設工事の施工金額				その他の建設工事の施工金額	合計
			（建）工事	（電）工事	（酒）工事	工事		
第6期 平成26年10月1日から 平成27年9月30日まで	元 請	公共	0	0	0		0	0
		民間	19,122	2,231	0		0	21,353
	下請		0	12,642	4,674		3,824	21,140
	計		19,122	14,873	4,674		3,824	42,493
第7期 平成27年10月1日から 平成28年9月30日まで	元 請	公共	0	0	0		0	0
		民間	18,596	12,893	0		0	31,489
	下請		0	11,570	4,546		3,719	19,835
	計		18,596	24,463	4,546		3,719	51,324
第8期 平成28年10月1日から 平成29年9月30日まで	元 請	公共	15,000	28,000	0		0	43,000
		民間	13,853	22,000	0		0	35,853
	下請		0	4,664	4,609		3,771	13,044
	計		28,853	54,664	4,609		3,771	91,897
第　期 平成　年　月　日から 平成　年　月　日まで	元 請	公共						
		民間						
	下請							
	計							
第　期 平成　年　月　日から 平成　年　月　日まで	元 請	公共						
		民間						
	下請							
	計							
第　期 平成　年　月　日から 平成　年　月　日まで	元 請	公共						
		民間						
	下請							
	計							

記載要領
1　この表には，申請又は届出をする日の直前３年の各事業年度に完成した建設工事の請負代金の額を記載すること。
2　「税込・税抜」については，該当するものに丸を付けること。
3　「許可に係る建設工事の施工金額」の欄は，許可に係る建設工事の種類ごとに区分して記載し，「その他の建設工事の施工金額」の欄は，許可を受けていない建設工事について記載すること。
4　記載すべき金額は，千円単位をもって表示すること。
　　ただし，会社法（平成１７年法律第８６号）第２条第６号に規定する大会社にあっては，百万円単位をもって表示することができる。この場合，「（単位：千円）」とあるのは「（単位：百万円）」として記載すること。
5　「公共」の欄は，国，地方公共団体，法人税法（昭和４０年法律第３４号）別表第一に掲げる公共法人（地方公共団体を除く。）及び第１８条に規定する法人が注文者である建設工事又は工作物に関する建設工事の合計額を記載すること。
6　「許可に係る建設工事の施工金額」に記載する建設工事の種類が５業種以上にわたるため，用紙が２枚以上になる場合は，「その他の建設工事の施工金額」及び「合計」の欄は，最終ページにのみ記載すること。
7　当該工事に係る実績が無い場合においては，欄に「０」と記載すること。

図6.61　直前３年の各事業年度における工事施工金額

①注意点

直前３年間の各工事施工金額を記入します．直近の第8期では公共元請工事（官公庁からの受注）を建築一式工事と電気工事で受注し，事業年度では全体的に右肩上がりの成長を続けています．

また，その他の建設工事の施工金額とは，許可業種以外で一件当たりの受注金額が500万円未満の工事を受注した場合に記入する箇所です．

6 許認可，登録の活用法

財 務 諸 表

様式第15号	貸 借 対 照 表
様式第16号	損 益 計 算 書
	完成工事原価報告書
様式第17号	株主資本等変動計算書
様式第17号の2	注 記 表

事業年度
（第 8 期）
$\left(\begin{array}{l}\text{自 平成 28 年 10 月 1 日} \\ \text{至 平成 29 年 9 月 30 日}\end{array}\right)$

（会社名）　　**株式会社夢電気工事**

（消費税抜）

図 6.62　財務諸表（表紙以下割愛）

①注意点

建設業法に基づき作成した財務諸表です．実際には税務署に確定申告した決算報告書を建設業法に基づき調整した貸借対照表，損益計算書，完成工事原価報告書，株主資本等変動計算書，注記表になります．
さらに株式会社の場合は事業報告書を作成します．

6.1 許認可，登録のその後 ～隣接する業種追加による市場参入～

図6.63 閲覧対象外法定書類（決算変更届）

⚠注意点

神奈川県に届出の際は，以下の書類とともに別綴じした閲覧対象外法定書類を提示いたします．

- 前期の決算変更届（決算報告）の副本（原本）
- 現在有効な許可申請書，変更届出書の副本（原本）

6 許認可，登録の活用法

施行規則第48号様式の2（法人県民税・法人事業税用）

納 税 証 明 書

第　　　号

平成29年11月20日

株式会社夢電気工事　様

神奈川県横浜県税事務所長

次のとおり証明します。

証明する事項			
課　税　事　務　所		神奈川県　　　　県税事務所	
税　目	事業年度等	証明内容	
法人事業税 及び 地方法人 特別税	自平成28年10月1日 至平成29年9月30日	課税額 納付済額 未納額	●円 ●円 ●円
		以　下　余　白	
備考			

図 6.64　納税証明書

！注意点

納税証明書は，直近年度の法人事業税（県税）となります．

6.2 経営事項審査

●経営事項審査とは？

　経営事項審査とは，公共工事を地方公共団体や国などの発注者から元請として請け負おうとする建設業者が，必ず受けなければならない審査です．

　この審査には，建設業者の経営状況を評価する経営状況分析（Y点）と経営規模，技術的能力，その他の客観的事項を評価する経営規模等評価（XZW点）があります．総合評定値（P点）とは，経営状況分析（Y点）の結果と経営規模等評価（XZW点）の結果により算出した各項目を総合的に評価するものです．

●経営事項審査を受けるための要件

① 　建設業許可業者であること．（登録電気工事業者では不可）

② 　経営事項審査申請を希望する建設業の許可業種があること．たとえば，建築工事業しか許可がない会社が，電気工事業の経営事項審査を受けることはできません．

③ 　経営事項審査は国土交通大臣の登録を受けた登録経営状況分析機関が行う経営状況分析（Y点）と，建設業許可行政庁が行う経営規模等評価申請（XZW点）とに分かれています．申請者は先に前者の申請を行い，経営状況分析結果通知書を受領した後，必要書類および経営状況分析結果通知書（総合評定値（P点）を併せて請求する場合）を許可行政庁に持参し，経営規模等評価の申請・総合評定値の請求を行う2段階形式となります．

6 許認可，登録の活用法

●経営規模等評価申請　総合評定値請求（P）

| 建設業者 | → 経営規模等評価の申請 / 総合評定値の請求 | 【許可行政庁】
●大臣許可
・北海道開発局長
・地方整備局長
・沖縄総合事務局長
●知事許可
・都道府県知事 |

総合評定値を請求する場合は経営状況分析
結果通知書（原本）の提出が必要です．

経営規模等評価の申請と総合評定値の請求は
同時に同一の様式で行えます．

【経営規模等評価】
●経営規模（X）
●技術力（Z）
●その他の審査項目
　（社会性など）（W）

| 建設業者 | ← 経営規模等評価結果通知書 / （総合評定値を請求した場合は / 総合評定値通知書） |

【総合評定値】
●総合評定値の算出
（P）

経営規模等評価申請と総合評定値の請求を同時に
行った場合は，同一の様式により通知されます．

図 6.65　経営規模等評価申請総合評定値について

※経営事項審査は，国土交通大臣の定めた下記の項目によって総合評
　価方式で行われます．

総合評定値（P）

$= 0.25 \cdot X1 + 0.15 \cdot X2 + 0.2 \cdot Y + 0.25 \cdot Z + 0.15 \cdot W$

1．経営規模　X1（完成工事高）X2（自己資本額と建設業に従
　事する職員の数）

2．技術力　Z（電気工事士，電気施工管理技士，実務経験者な
　ど技術職員の数）

3．その他の審査項目　W（福利厚生制度加入，営業年数，業務
　災害による死傷者数，建設業経理事務士など）

4．経営状況分析　Y（収益性，流動性，安定性，健全性などの
　財務内容）

※このうち1.～3.の審査は許可行政庁が，4.の審査は国土交通大臣が登録した経営状況分析機関が行っています．

●経営事項審査の有効期間

経営事項審査の有効期間は，該当の審査基準日（例：H29.3.31）から1年7ヵ月です．したがって，次年度の結果通知書を有効期限（例：H30.10.31）までに受領しなければなりません．有効期間を経過しますと，公共工事の入札参加資格を喪失してしまいますので，毎年欠かさず有効期間内に手続をする必要があります．

許可行政庁の審査は一定の時間が掛かりますので，まずは建設業決算報告届と経営状況分析をお早めに申請いただくことをお勧めします．

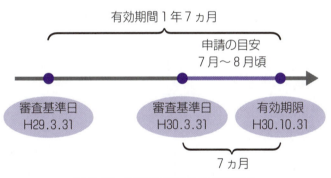

図6.66　経営事項審査の有効期間

6 許認可，登録の活用法

●経営事項審査申請の事例（株式会社夢電気工事）

⑴ 前提条件

株式会社夢電気工事の概要は以下のとおりです．

---

1. 年間売上　平均 91 897（千円）※第 8 期
2. 主要取引先　戸塚市・株式会社電気設備
3. 営業年数　6 年
4. 技術職員　7 名

　一級電気施工管理技士　2 名

　二級電気施工管理技士　1 名

　第一種電気工事士　　　1 名

　第二種電気工事士　2 名

　一級建築士　1 名

　二級建築施工管理技士　1 名

　（ただし，一級電気施工管理技士と二級建築施工管理技士を保有する資格者が一名います）

5. 建設業退職金共済制度，中小企業退職金共済，法定外労働災害補償制度，防災協定　加入

　建設業経理事務士　0 名

　※その他，社会保険・労働保険は加入を継続．無事故．

　※建設機械の所有やリースはありません．

　それでは，経営事項審査申請の実例を見てゆきましょう．

　次ページの必要書類のご案内は，電気工事業・建築工事業・消防施設工事業を許可業種としつつ，公共工事受注のための経営事項審査は建築工事業と電気工事業に絞って民間工事と並行してバランスよく公共工事も受注している，株式会社夢電気工事に宛てたものとなっております．

6.2 経営事項審査

(2) 経営事項審査の必要書類（参考事例）

必要書類のご案内

横浜市磯子区東町 15-32　モンビル 503
いそご法務小竹行政書士事務所
TEL　045(754)8955
FAX　045(754)8959

送付先　株式会社夢電気工事　様　　　FAX 番号：045-341-△△△△△
___

発信元　いそご法務小竹事務所　　　　日付：2017/11/30
___

要件：経営規模評価等審査必要書類について
___

送付枚数：1
___

ご担当　夢　勝様

　連絡事項：この度はお世話になります．お手数お掛けしますが，下記をご準備願います．

　1・別紙工事経歴書および注文書写し（売上全体の 7 割以上記載，金額の高い工事から列記）
　　※注文書・契約書もしくは請求書と入金記録（通帳表紙・見開き 1 面・入金記載面）
　1・直近建設業許可申請書・決算変更届・経営分析届・経営審査申請書　各 1

図 6.67　経営事項審査の必要書類（参考事例）

①注意点

著者の事務所で経営事項審査のご案内をする際の実際の資料です．
230 ページに具体的な必要書類を事業者（今回は株式会社夢電気工事）に合わせて作成しております．

6　許認可，登録の活用法

1・直近税抜き確定申告書原本（消費税申告書原本を含む）　1式
1・直近消費税および地方消費税納税証明書（その1）　1
1・直近法人事業税納税証明書　1
1・直近経営事項審査結果通知書原本・建設業許可通知書の写し
1・直近健康保険標準決定通知書の写し（濃く写して下さい）1式
1・直近健康保険標準決定以降の入社社員の社会保険証通知書の
　写し　各1
1・健康保険，厚生年金の納入通知書および領収証（納付済年月が
　29年9月分）　1
1・建設業国家資格者合格証の写し（監理技術者証・講習修了証・
　経理事務士含む）　各1
1・H29年度雇用，労働保険概算確定申告書および1期分の領収書
　の写し　1式
1・建退共・中退金制度加入証明書（原本）　各1
1・法定外労災保険加入証明書または保険証券原本　1
1・防災活動への貢献を証する協定書写しもしくは証明書原本
1・お預り証紙代　27 000円（建・電2業種：経営状況分析機関手
　数料，および証紙代含む）

※別途追加で書類が必要となる場合ございます．予め御了承下さい．

図6.67　経営事項審査の必要書類（参考事例）続き

①注意点

株式会社夢電気工事における経営事項審査の審査基準日（直近決算末日である H29年9月30日）に合わせてすべての書類を収集することが何よりのポイントです．

6.2 経営事項審査

●検証●

それでは，株式会社夢電気工事が上記に従い書類などを収集し，経営状況分析申請と経営事項審査申請を完了したケースを見てみましょう．実際は次ページ以降のように，経営状況分析結果通知書と経営事項審査の結果通知書（経営規模等評価結果通知書と総合評定通知書）が登録経営状況分析機関と，建設業許可行政庁から送付されてまいります．

今回の株式会社夢電気工事に関する，実務上の補足と致しましては，以下のような事項がございます．（商号，個人名，現場名は仮称）

① 経営事項審査申請の前に，経営状況分析申請結果通知書を受領している．
② 工事経歴書は直近決算での経営事項審査希望業種の実績である．
③ 工事経歴書の配置技術者は，専任技術者を原則として配置できない．
④ 工事経歴書の，戸塚市発注の工事は公共工事であるので，経営事項審査と戸塚市の競争入札指名参加願（工事）をあらかじめ申請完了している．

☆検証結果☆

> 直近決算の工事売上は，法人成り後に建設業許可申請の際に添付した個人事業主時代の最終決算期（138ページ）よりも，約6 500万円伸長しています．ここ数年右肩上がりの成長をしており，今後の成長が益々楽しみです．

6 許認可, 登録の活用法

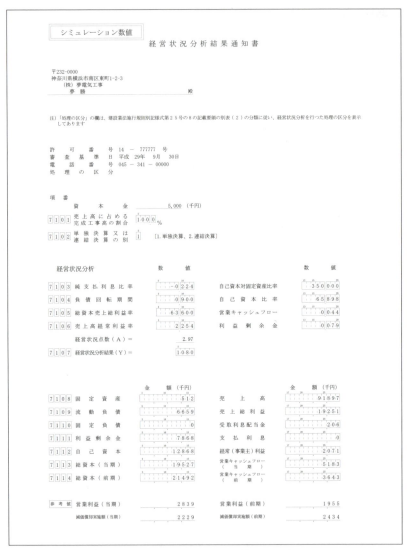

図 6.68 経営状況分析結果通知書

⚠注意点

登録経営状況分析機関から送付された経営状況分析結果通知書になります. この分析とは審査基準日の財務諸表から売上高経常利益率などの財務内容を分析するものです. 項番 7107 の経営状況分析結果 (Y) がその評点であり, その数値が次ページ通知書最下段の評点 (Y) として反映されております.

6.2 経営事項審査

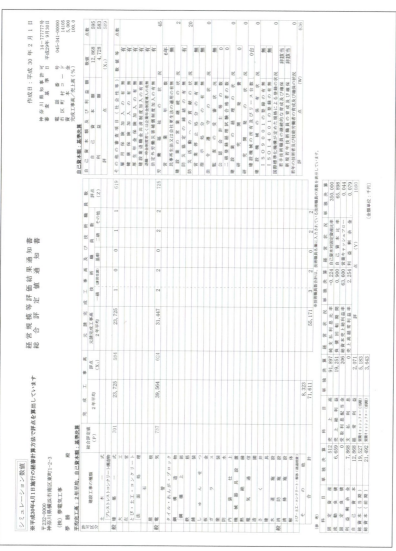

図 6.69 経営規模等評価結果通知書　総合評定値通知書

!注意点

経営事項審査の結果として，経営規模等評価結果通知書および総合評定値通知書が最終的に許可行政庁から通知されます．その結果，建設業許可業種の中から建築一式工事と電気工事を受審した総合評定値（P）として建築工事業が701点，電気工事業が737点となり，それら総合評定値が後述の公共工事受注頻度に左右されます．

様式第二号（第二条、第十九条の八関係）

（建設工事の種類）　建築一式　工事（　税込　・　税抜　）

工 事 経 歴 書

（用紙Ａ４）

注文者	元請又は下請の別	JVの別	工 事 名	工事現場のある都道府県及び市区町村名	配 置 技 術 者 氏 名（主任技術者又は監理技術者の別／（該当箇所に印を記載） 主任技術者 / 監理技術者		請 負 代 金 の 額（うち・・ 法面処理 ／ 鋼構造物）	工 期（審 工 年 月 ／ 完成又は完成予定年月）		摘 要
戸塚市	元請		第一庁舎改修工事	神奈川県戸塚市	建築 一郎	✓	15,000 千円	平成29年1月	平成29年3月	
Q様	元請		Q邸改築工事	神奈川県中市	建築 一郎	✓	8,000 千円	平成29年3月	平成29年5月	
							千円	平成 年 月	平成 年 月	
							千円	平成 年 月	平成 年 月	
							千円	平成 年 月	平成 年 月	
							千円	平成 年 月	平成 年 月	
							千円	平成 年 月	平成 年 月	
							千円	平成 年 月	平成 年 月	
							千円	平成 年 月	平成 年 月	
							千円	平成 年 月	平成 年 月	
							千円	平成 年 月	平成 年 月	
							千円	平成 年 月	平成 年 月	

小　計	2 件	23,000 千円	うち 元請工事 23,000 千円
合　計	3 件	28,853 千円	うち 元請工事 28,853 千円

図 6.70　工事経歴書（建築一式）

①注意点

218 ページでも触れた工事経歴書ですが，建築一式工事では戸塚市から第一庁舎の改築工事を専任技術者松和男ではなく，建築一郎を主任技術者として配置していることが確認できます．

6.2 経営事項審査

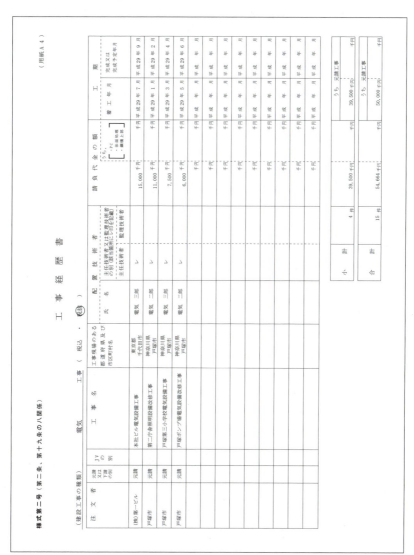

図 6.71 工事経歴書（電気）

!注意点

219 ページでも触れた工事経歴書ですが，電気工事業では戸塚市から 3 件の工事を専任技術者松和男ではなく，電気二郎もしくは電気三郎を主任技術者として配置していることが確認できます．

6.3 公共工事競争入札参加資格制度

公共工事の入札と契約に関しましては，財源が国民からの公金であり，入札制度や契約に関する手続き，情報が公正かつ透明な制度設計を目的として，以下の法律が制定されております．

●「公共工事の入札及び契約の適正化の促進に関する法律」

第1条にて，次のように目的を定めています．

> 第1条　この法律は，国，特殊法人等及び地方公共団体が行う公共工事の入札及び契約について，その適正化の基本となるべき事項を定めるとともに，情報の公表，不正行為等に対する措置，適正な金額での契約の締結等のための措置及び施工体制の適正化の措置を講じ，併せて適正化指針の策定等の制度を整備すること等により，公共工事に対する国民の信頼の確保とこれを請け負う建設業の健全な発達を図ることを目的とする．

また，第3条において，公共工事の入札および契約の適正化の基本となるべき事項を明記しております．

> 1. 入札及び契約の過程並びに契約の内容の透明性が確保されること．
> 2. 入札に参加しようとし，又は契約の相手方になろうとする者の間の公正な競争が促進されること．
> 3. 入札及び契約からの談合その他の不正行為の排除が徹底されること．
> 4. その請負代金の額によっては公共工事の適正な施工が通常見込まれない契約の締結が防止されること．
> 5. 契約された公共工事の適正な施工が確保されること．

6.3　公共工事競争入札参加資格制度

●公共工事における入札契約の流れ

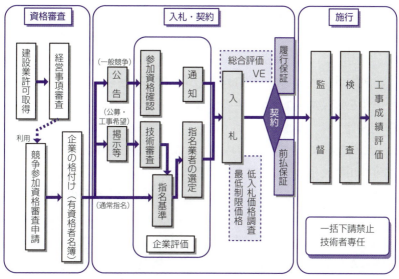

※参照　国土交通省　公共工事の入札契約制度の概要より
図6.72　入札契約の流れ

　公共工事における，資格審査から入札・契約・施工までの流れは上図のとおりとなります．今回は株式会社夢電気工事において，上図左の資格審査が完了するところまでを解説いたします．

　その後は，資格審査を完了した自治体の入札・契約に関する公告（現在では電子入札が主流）を日々確認し，与えられた企業格付けの中から施工可能な案件に入札および落札後の契約そして施工と進めていくのが実務の流れとなります．

　まずは入札・契約における，3つの競争入札参加方式を今後の参考までに，ご紹介することにいたします．

一般競争入札参加方式

発注自治体の電子公告などによって不特定多数の者の中から，入札への申込により競争を行わせ，発注自治体にとって最も有利な条件をもって申込をした者を選定して，その者と契約を締結する方式です．

(1) 長所

比較的新しい会社でも機会均等の原則にのっとり，透明性，競争性，公正性を確保することができる．最も主流といえる．

(2) 短所

一つの案件に 10 社以上申込があるなど発注自治体契約担当者の事務負担が膨大となり，コスト負担となる．

技術や経営能力に欠ける不良・不適格業者が混入する可能性が大．

指名参加競争入札参加方式

あらかじめ発注自治体が技術力，資金力，信用その他について適切とする複数の業者を通知によって指名し，指名された参加者間で入札の方法により競争させて，特定の者を決定し，その者と契約を締結する方式です．

(1) 長所

不良・不適格業者を排除することができる．

一般競争入札よりも発注自治体契約担当者の事務処理コストの負担が軽減されやすい．

(2) 短所

指名される者が固定化する傾向があり，談合が容易である．

随意契約

(1) 長所

競争を取り入れず，契約の相手方を任意に特定するので，信用，技術能力のある業者と容易に契約することができる．

(2) 短所

地方公共団体と特定の業者との間に発生する特殊な関係から単純に契約を締結しやすく，価格も必ずしも安定とは限らない．

●公共工事競争入札参加資格申請提出書類

公共工事における入札契約の流れを一通り解説しましたところで，話を株式会社夢電気工事に戻してゆきます．

すでに，経営事項審査申請が完了し，神奈川県から「経営規模等評価結果通知書・総合評定値通知書」が送付されたので，地元自治体である，戸塚市に工事の競争入札審査資格申請をする段階となります．ただし，戸塚市は実在する地方自治体ではありませんので，以下は横浜市を参考事例として提出書類一覧を示して参ります．

● 補足事項 ●

(1) 提出書類一覧は，横浜市が実際に利用している書式です．個人事業主，工事以外の物品委託など（メンテナンス業務など）も資格審査を検討する場合の便宜を考慮しております．

(2) 提出書類は2年ごとの定期受付，随時受付とも共通資料ですが，追加あるいは変更される場合があります．

また，申請自治体によって提出書類が異なる場合がありますので，事前に詳細を確認されることをお勧めいたします．

(3) 要点としましては，まず申請自治体にきちんと納税をしていること．（基本的に横浜市の工事業者であれば，横浜市からの受注がメインとなります．本店が横浜市にあれば「市内業者」と定義されます．支店や営業所の場合は「準市内業者」と定義され，案件により，「市内業者」のみの入札の場合もあります．）

(4) 経営事項審査の通年受審と社会保険・労働保険の完備です．

6 許認可，登録の活用法

提出書類一覧

※この一覧はすべての提出書類を記載したもので，申請内容によって実際の提出書類は異なります．申請内容の入力・送信後に印刷した「申請受付内容」に記載されている提出書類を提出してください．

※日本語以外で記載された書類については，日本語の訳文を付記または添付してください．

※書類の提出部数はすべて１部です．（複数の区分で申請した場合も１部です．）

※提出していただいた書類は，返却いたしませんのでご了承ください．

※官公署発行の証明書類（現在事項証明書または履歴事項全部証明書，納税証明書など）は申請日（データ送信日）から３ヵ月以内に発行されたものに限ります．

※書類はできるだけ A4 版に統一してください．

※書類は郵送により提出していただきます．原則，持参による受付はいたしません．

1 すべての方に共通な提出書類

◇登録を希望する資格区分の提出書類・摘要欄を参照してください．

◇申請内容の入力・送信後に印刷した「申請受付内容」に記載されている提出書類を提出してください．

資格区分		提出書類	摘要
工事	物品・委託など 設計・測量など	入札参加資格審査申請書（第１号様式）	所在地，商号または名称，代表者職氏名を記入のうえ，代表者の印を押印してください． ※社印（社判，角印）など，個人を特定できない印は使用できません． 入札参加資格審査申請書について，様式の記載事項は変更しないでください． ※様式は横浜市ホームページ「ヨコハマ・入札のとびら」（http://keiyaku.city.yokohama.lg.jp/epco/keiyaku/toroku/kyoutsu_03.html）からダウンロードしてください．
工事	物品・委託など 設計・測量など	申請受付内容	申請内容を入力送信後に表示される「申請受付内容の印刷」画面のすべてのページをブラウザの印刷機能でプリントアウトしたもの

240

6.3　公共工事競争入札参加資格制度

資格区分			提出書類	摘要
工事	物品・委託など	設計・測量など	法人	現在事項証明書または履歴事項全部証明書	法務局で発行 「全部事項証明書」を提出（申請日（データ送信日）から3ヵ月以内のものを提出） 写し（コピー）でも可
工事	物品・委託など	設計・測量など	個人	代表者の身分証明書	本籍地の市区町村で発行（後見登記されていないこと，破産の通知がないことを証明する書類） 正本を提出（申請日（データ送信日）から3ヵ月以内のものを提出）
				登記されていないことの証明書または登記事項証明書	法務局で発行 成年被後見人，被保佐人，被補助人および任意後見契約の本人とする記録がないこと. 正本を提出（申請日（データ送信日）から3ヵ月以内のものを提出）
工事	物品・委託など	設計・測量など	納税証明書（「消費税および地方消費税」について未納税額のない証明）		納税地を所管する税務署で発行 「消費税および地方消費税について未納の額のないこと」を証明するもの. 「その3の2」（「申告所得税」および「消費税及び地方消費税」に未納の税額がないことの証明）または「その3の3」（「法人税」および「消費税及び地方消費税」に未納の税額がないことの証明） 正本を提出（申請日（データ送信日）から3ヵ月以内のものを提出） ※書面における納税証明書を提出（電子納税証明書は不可） ※消費税の課税がない方および決算を迎えていない方も必ず証明してください. ※「その3」（未納税額がないことの証明）を提出することも可能ですが，この場合には，必ず消費税および地方消費税の税目を選んだ上で，納税証明書を発行してもらうようにしてください（他の税目の納税証明書の場合，再提出して頂くことになります）.
工事	物品・委託など	設計・測量など	雇用保険の加入を確認できる書類		労働局または労働保険事務組合発行の労働（雇用）保険料の領収書の写し（申請日から直近の1回分）などもしくは加入義務のないことの誓約書（第4号様式）. ※「工事」に登録を希望する方で，経営事項審査結果通知書の写しの雇用保険加入の有無の欄が「有」または「適用除外」となっている方は，労働（雇用）保険料の領収書の写しなど，ほかの書類の提出は不要です. ※加入したばかりで納付実績のない場合は，雇用保険適用事業所設置届（事業主控）の写し（受付印を押されたもの）を提出してください.
工事	物品・委託など	設計・測量など	健康保険の加入を確認できる書類		年金事務所または健康保険組合発行の健康保険料の領収書の写し（申請日から直近の1回分）などもしくは加入義務のないことの誓約書（第4号様式）. ※「工事」に登録を希望する方で，経営事項審査結果通知書の写しの健康保険加入の有無の欄が「有」または「適用除外」となっている方は，健康保険料の領収書の写しなど，ほかの書類の提出は不要です. また「無」になっている方で，年金事務所で適用除外の承認を受け，建設国保組合に加入している場合は加入証明書の写し（申請日（データ送信日）から3ヵ月以内のもの）を提出してください. ※加入したばかりで納付実績のない場合は，健康保険・厚生年金保険新規適用届（事業主控）の写し（受付印を押されたもの）を提出してください.

6　許認可，登録の活用法

資格区分			提出書類	摘要
工事	物品・委託など	設計・測量など	厚生年金保険の加入を確認できる書類	年金事務所または健康保険組合発行の厚生年金保険料の領収書の写し（申請日から直近の1回分）などもしくは加入義務のないことの誓約書（第4号様式）． ※「工事」に登録を希望する方で，経営事項審査結果通知書の写しの厚生年金保険加入の有無の欄が「有」または「適用除外」となっている方は，厚生年金保険料の領収書の写しなど，ほかの書類の提出は不要です． ※加入したばかりで納付実績のない場合は，健康保険・厚生年金保険新規適用届（事業主控）の写し（受付印を押されたもの）を提出してください．
工事			営業所の許可を確認できる書類	「建設業の許可申請書」における①「別表」の写し，②「別紙二（営業所一覧表）」の写しまたは③「変更届出書（第二面）」の写し ※①～③のいずれかを提出してください
工事			営業規模等評価結果通知書および総合評定値通知書（いわゆる経審）の写し	申請日時点において有効かつ最新の通知書で総合評定値，完成工事高に売上が記載されているもの ※有効期限は通知書の上部に記載された「審査基準日」から1年7ヵ月までです． ※【注意】平成28年5月31日以前に受けた「とび・土工工事業」の建設業許可に基づき，「解体工事業」の工種に登録を希望する方が平成28年6月1日以降に受審した経審を提出する場合には，直近2回分の経審を提出してください． ※「上水道」の登録には完成工事高の計上は不要 ※「船舶」の登録を希望する方は（説明1）を参照
工事			工事の施工実績を証明する書類（契約書などの写し）	申請入力時に「工種最高請負実績（過去10年）」欄の「元請実績，下請実績」および各「細目実績（過去5年）」欄に入力した工事の契約書および施工概要のわかる設計図書等の写し．（施行証明書，またはこれに代えて施行したことを証明できるものでも可．自社で作成した見積書，請求書は不可．） ※元請・下請実績は，横浜市工事請負に関する競争入札取扱要綱第25条第1項第9号により，個々の入札における審査対象となりますので，最高額の請負実績を提出してください．（説明2）を参照． ※契約書等がない場合は，相手方から施工証明書を徴し，その写しを提出してください． ※コリンズの竣工時カルテ．ない場合は，契約書および設計図書の写しなど，申請者以外の方が作成した書類を提出してください．原則として，請書，請求書などの写しといった申請者自身が作成した文書は実績を証明する書類にあたりません． ※実績を証明する書類の契約工事名や工事内訳書から登録希望種の実績であることが分かるような書類を提出してください．実績を証明する書類から登録希望工種の実績であることが明らかでない場合，電話によるお問い合わせや追加の資料の提出をお願いすることがあります． ※外国語の契約書は，日本語に要約したものを添付してください． ※工事が共同企業体による施工の場合は，出資比率で案分することとし，「共同企業体協定書」など出資比率が分かる書類の写しも提出してください． ※横浜市が従来発注していた「満期メーター取替作業」の委託業務については，以下の工種・細目の工事の実績として認めます．

6.3　公共工事競争入札参加資格制度

資格区分	提出書類	摘要
		【委託契約での細目】 335：水道関連委託 　　　　B：小型メーター据替（口径 13〜25 mm） 335：水道関連委託 　　　　C：大型メーター据替（口径 40 mm 以上） 　　　　↓ 【工事の実績として求める工種および細目】 工種：管（細目 a　給排水衛生設備工事）

●工種の格付と発注金額について

工種	等級	格付点数	所在地区分			発注標準金額
土木	A	985 点以上	市内	準市内	市外	120 000 千円以上
	B	810 点以上 984 点以下	市内	準市内	市外	25 000 千円以上 120 000 千円未満
	C	809 点以下	市内	準市内	市外	25 000 千円未満
舗装	A	900 点以上	市内	準市内	市外	45 000 千円以上
	B	780 点以上 899 点以下	市内	準市内	市外	25 000 千円以上 45 000 千円未満
	C	779 点以下	市内	準市内	市外	25 000 千円未満
造園	A	910 点以上	市内	準市内	市外	20 000 千円以上
	B	909 点以下	市内	準市内	市外	20 000 千円未満
建築	A	960 点以上	市内	準市内	市外	120 000 千円以上
	B	775 点以上 959 点以下	市内	準市内	市外	25 000 千円以上 120 000 千円未満
	C	774 点以下	市内	準市内	市外	25 000 千円未満
電気	A	920 点以上	市内	準市内	市外	25 000 千円以上
	B	919 点以下	市内	準市内	市外	25 000 千円未満
管	A	830 点以上	市内	準市内	市外	25 000 千円以上
	B	829 点以下	市内	準市内	市外	25 000 千円未満
上水道	A	860 点以上	市内	準市内	市外	130 000 千円以上
	B	859 点以下	市内	準市内	市外	130 000 千円未満

6 許認可，登録の活用法

● 補足事項 ●

　横浜市での格付け（ランクとも言います）対象業種ごとに，格付け点数と，発注標準金額が公表されております．（これ以外の塗装や内装工事などは格付け対象ではありませんが，入札参加自体は可能となります）

　そこで，株式会社夢電気工事は現時点で，横浜市ではどの格付けに入り，どれほどの受注金額が見込まれるのでしょうか？
　233ページの経営規模等評価結果通知書（総合評定値通知書）を参照しながら検討しましょう．

(1)　株式会社夢電気工事は横浜市内に本店があるので，市内業者である．
(2)　総合評定値（P）では，電気工事は730点であるので，客観的な格付点数はBランクである．（建築は693点でC）
(3)　電気工事では横浜市のBランクの場合，25 000（千円）未満の工事を横浜市から元請として受注できる．（建築はCで同金額）

　以上が，二つの資料から読み取れる事実関係となります．しかし，横浜市や多くの発注自治体は発注者別評価点（主観点）という制度を用意しており，以下の企業努力に対して総合評価点（P点）とは別に，主観点（Ms）を加算しております．

> 1．工事成績が優良
> 2．障害者の積極雇用
> 3．男女共同参画に関する行動計画策定，女性の活躍推進に寄与している

企業努力として評価

244

発注者別評価点（主観点）（Ms）の算出式

$Ms = C(R - 65) + \alpha$

〔入札参加資格有効開始年度の前年度または前々年度の優良業者は，$C(R + 5 - 65) + \alpha$〕

C：過去4年間の工種別の年間平均請負実績金額について，次ページのCにより求める数値

R：過去4年間の工種別の平均工事成績

α：次の1.～6.に定める点数を合算した数値

　1．過去2年間の工種別の工事成績85点以上の工事
　　　1件につき10点
　2．過去2年間の工種別の工事成績65点未満の工事
　　　1件につき－10点
　3．建設業労働災害防止協会への加入[注1]　5点
　4．法定雇用率を超える障害者の雇用[注2]　5点
　5．男女共同参画に関する一般事業主行動計画の策定および届出[注3]　5点
　6．贈賄・独占禁止法違反行為・競売入札妨害または談合行為・あっせん利得処罰法違反行為を事由とする指名停止の期間1ヵ月につき　－5点（ただし　－120点を限度とする）

[注1]
　横浜市内に事業所がある者は同事業所を含む範囲での認証，横浜市内に事業所がない者は本店または主たる営業所を含む範囲での認証の場合に限る．

[注2]
　雇用率2.0％
　障害者雇用状況届出書（第3号様式）を健康福祉局障害企画課に提出し，認定された場合に限る．

[注3]
　①次世代育成支援対策推進法に基づく一般事業主行動計画および②女性活躍推進法に基づく一般事業主行動計画を策定し，届出をしている場合に限る．

6 許認可，登録の活用法

※行動計画の策定が任意か義務かを問いません．

C：工種別年間平均請負実績金額に係る数値

5億円以上　6.0

4億5000万円以上5億円未満　5.7

4億円以上4億5000万円未満　5.4

3億5000万円以上4億円未満　5.1

3億円以上3億5000万円未満　4.8

2億5000万円以上3億円未満　4.5

2億円以上2億5000万円未満　4.2

1億5000万円以上2億円未満　3.9

1億円以上1億5000万円未満　3.6

5000万円以上1億円未満　3.3

5000万円未満　3.0

※発注者別評価点（主観点）・年間平均請負実績金額は小数点第1位を四捨五入，平均工事成績は小数点第2位を四捨五入します．

6.3 公共工事競争入札参加資格制度

● 補足事項 ●

　以上の発注者別評価点（主観点 Ms）と総合評価点（P）の合計が最終的な格付けの対象点数となります．

　もし，株式会社夢電気工事の電気工事の（P）点が 900 点だった場合に，Ms 点が 20 点獲得できた場合は電気工事の等級が A ランクに昇格して，さらに市内業者として 25 000（千円）以上の工事を受注する機会に恵まれることでしょう．

　公共工事をコンスタントに受注できるようになると，大きな信頼が生まれて民間からも元請工事が受注できるようになります．

　また，総合評定値通知書や公共工事の落札情報は公開され，取引先や金融機関の評価も高くなり，会社の経営がより安定していきます．生み出した利益の中から租税を支払い，そして租税（地方税）から仕事が受注できるという，建設工事業者として特徴的な収益と還元の好循環が生成されることになります．

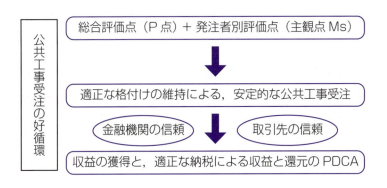

6.4　CSRを実践する経営による飛躍

● CSRとは？

企業は，日々さまざまな企業努力を重ね，競争の中で知恵を絞り，多くの取引先との関わりの中で収益を獲得し，租税を社会に還元しつつ，何よりも社員の生活を守り続けなければなりません．

そこで，最近ではCSRという言葉が社会に行きわたるようになりました．CSRとは？　そしてCSRを活かした経営とは？　と考えてゆきましょう．

⑴　CSR【Corporate Social Responsibility】

企業の社会的責任．企業の責任を，従来からの経済的・法的責任に加えて，企業に対して利害関係のあるステークホルダーにまで広げた考え方．（三省堂大辞林）

⑵　ステークホルダー【stakeholder】

企業に対して利害関係を持つ人．株主・社員・顧客だけでなく，地域社会までをも含めていう場合が多い．（三省堂大辞林）

● 補足事項 ●

> つまり，「企業の社会的責任」とは企業として法令を遵守する，いわゆる不祥事を起こさない，として企業価値を維持する意味での概念でした．しかし，近年のCSRはそれ以上に，企業に利害関係のあるすべての人との関わりの中での企業価値を高めることを意識して，経営の中枢に取り入れる概念となっております．

6.4 CSRを実践する経営による飛躍

 Story 電気工事業者としてのCSR

　電気工事業者としてCSRを実践し経営に取り入れることは，実はさほど困難ではありません．例えば地震や雪害などの災害時の交通や蓄電手段の確保を目的に，地域住民への電気自動車充電設備を無料開放したり，近隣の故障した街灯の修理を無償で実施している会社も実際に存在しており，地域社会に貢献しています．

　また，青少年育成のために少年野球大会や地域のお祭りに物資や寄付金を提供している会社も存在することから，まずは自らの足下からできることを見つめてみましょう．もしかしたら，すでに始めているかもしれません．

※事例紹介は，記者発表資料　平成29年10月17日　横浜市経済局経営・創業支援課　公益財団法人横浜企業経営支援財団　参照

6　許認可，登録の活用法

●地域志向 CSR

　CSR の概念をさらに掘り下げて，企業が存在している最も身近な「地域」にフォーカスして考える概念です．（地域志向 CSR）

　地域志向 CSR という考え方は，横浜市が最も先進しております．

　以下の記事は，2008 年に横浜市が「横浜型地域貢献企業認定制度」を他に先駆けて制度化し，その第 1 号の認定がなされた認定証交付式の場面です．当時はまだ 35 社しか認定企業はありませんでした．（平成 29 年 10 月 1 日現在，453 社）

（写真は，当時の中田市長から認定証を受ける著者）

　では，次ページにて横浜型地域貢献企業認定制度の内容を見てみましょう．（本書記載の横浜市含め，ほかの自治体の CSR 関係の手引きや内容は本書発行時点でのものでありますので，常に最新の情報をご確認願います．）

6.4 CSRを実践する経営による飛躍

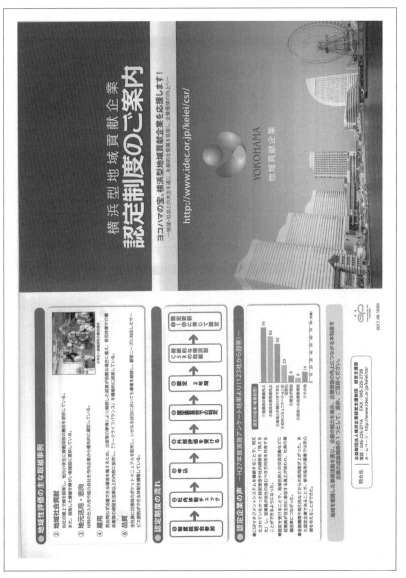

資料提供：公益財団法人横浜企業経営支援財団　経営支援部

6 許認可，登録の活用法

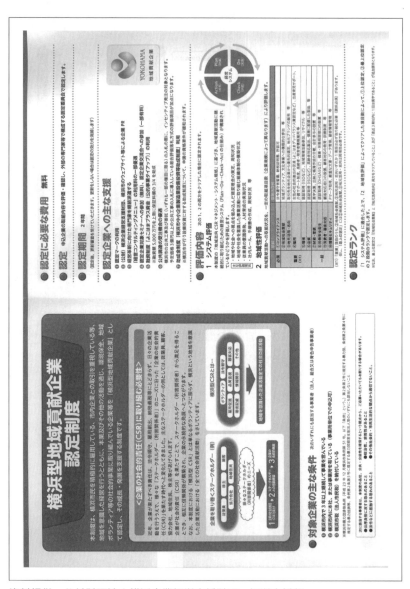

資料提供：公益財団法人横浜企業経営支援財団　経営支援部

6.4 CSR を実践する経営による飛躍

●地域志向 CSR 活動の内容

本業およびその他の活動を通じて，地域貢献活動に取り組んでいる企業を，一定の基準の下に「横浜型地域貢献企業」と認定しています．

さらに，次のような企業を「横浜型地域貢献企業」と定義しています．

1．地域や社会を意識し，
2．地域貢献の視点を持って社会的事業に取り組み，
3．地域と共に成長・発展を目指す．

これからの企業活動は法令順守，雇用創出，納税義務などにとどまらずに，従業員，顧客，地域社会，株主，仕入れ先や外注先などのさまざまな「ステークホルダー（利害関係者）」のニーズに沿った「企業の社会的責任（CSR）」を果たす時代へと変化してきました．横浜型地域貢献企業認定ではステークホルダーから満足を得ることで，相互に信頼関係が構築され，企業の永続的な発展へとつながることを目的として，地域との関わりを重視し，地域からも必要とされる企業風土をもつ企業を「ヨコハマの宝」と位置づけをし，年2回認定を実施しております．

●地域志向 CSR 活動の具体例

1．コンプライアンス　法令宣誓，納税，営業に必要な許認可
2．地域社会貢献　　　地域の学校から職業体験受け入れ，地域清掃など
3．地元活用　　　　　従業員や取引先を地元から採用，地元ブランド品販売
4．雇用　　　　　　　女性の社会的進出，出産育児支援，高齢者や障害者の採用
5．環境　　　　　　　ISO の取得，CO_2 の削減活動，リサイクル

	活動
6．品質	健康や安全に配慮した製品，サービス
7．一般	財務業績，労働安全衛生，消費者顧客対応，情報管理

●地域志向 CSR のメリット

認定されると，以下のメリットを受けられます．（主たるもの）

1．認定証・認定マークの付与

　　評価項目のチェック数に応じて，「最上位認定」「上位認定」の認定証および認定マークが横浜市から付与されます．

2．認定企業間のネットワーク

　　認定企業の交流会を年3回程度実施します．

3．広報支援

　　横浜市や，財団のホームページなどで，認定企業として紹介されます．

4．低利融資の認定

　　低利の融資制度の資格認定を受けられます．

利率	1.1％〜2.1％以内（融資期間により異なります）
融資期間	運転資金：7年以内　設備資金：15年以内
限度額	2億円
保証料率	横浜市信用保証協会所定料率　0.1125〜0.4750％（融資額5 000万円を上限に3/4助成）

※融資については，金融機関および信用保証協会の審査があります．

5．公共調達の受注機会の優遇

　　公共工事の入札の際に，認定企業を参加条件とする制度です．

　　横浜市の公共工事および委託（一部の種目に限る）の入札の際に，インセンティブ発注の対象となります．横浜市の公共工事受注希望業者としてはこちらのメリットは見逃せないものになりま

6.4 CSRを実践する経営による飛躍

す．
※以上のように，地域志向CSR活動を意識した企業活動の継続が，ひいては「地域から必要とされる企業」としてのニーズがもたらされます．

●横浜型地域貢献企業認定制度以外の地域志向CSR
さいたま市CSRチャレンジ企業認証制度

※参照　さいたま市ホームページほか

　自らの事業活動の維持・拡大を図りつつ，社会的健全性を両立させる企業経営（CSR：企業の社会的責任）の推進を図ろうとする意欲のある市内中小企業を，さいたま市が「さいたま市CSRチャレンジ企業」として認証する制度です．
　認証企業におけるCSR経営の向上支援を通じて，地域経済の持続可能な発展や本市産業のイメージアップ，さらに社会課題の解決促進を図ります．

認証のメリット
① さいたま市による企業PR支援
  ・市報さいたま，さいたま市プレスリリース，さいたま市ホームページなどによる企業名，企業概要，CSR活動内容などの紹介
  ・その他，さいたま市が出展する展示会・見本市で企業紹介などを予定
② 認証企業や市内外のCSR実践企業が集う「さいたま市CSRコミュニティ」への参加

6 許認可，登録の活用法

・コミュニティ限定のCSR経営に関する勉強会（経営者，従業員ともに参加可）を定期的に開催するほか，CSR課題に応じたグループコンサルティングや，企業交流を開催し，ビジネスマッチング（異業種交流）の機会を提供.

こちらの認証制度で非常に特徴的に感じましたのは，認証申請の添付書類に「さいたま市CSRチャレンジ企業認証制度応募用チェックリスト（自己診断結果票）」が存在することです.

目標設定を含めて，質疑応答形式の自己診断でさいたま市が定める，企業価値を防衛するための「守るCSR」と，企業価値を創造するための「伸ばすCSR」で一定のCSR基準をクリアした企業が，初めて書類審査や企業訪問での審査を得られるもので，CSRをより具体的な企業の行動事例に則して理解できるようにと，とても実効性のあるシステムを構築しています. 読本形式のマニュアルもとても分かりやすく解説されております.

この点につきましては，まずは地域志向CSRの全体像が俯瞰でき，かつ申請者にとっても申請前に質疑応答形式のチェックリストの活用によって，自社経営の強みや弱みがあらかじめ浮き彫りになり，自覚できるスキームになっております. しかも認証対象が中小企業（資本金3億以下，常用従業員数が300人以下）に限定されており，地域の企業が取り組みやすい仕組みになっていることも特徴です.

どちらかと言えばマニュアルなしの，「企業にとってのCSR」を自ら考えさせ，その取り組み自体を証明させる方式の横浜型地域貢献企業認定で採用している地域性評価・システム評価チェックリストよりも，申請前の取り組みでは実効性があるものと感じております.
ただし，認証のメリットの中に，なんらかの経済的なメリット（例

えば運転資金融資の補助，公共事業インセンティブなど）があればより認証申請企業も増加する傾向になるのではないかと思います．（平成30年4月現在の認定企業は84社）

宇都宮版まちづくり貢献企業認定制度

※参照　宇都宮CSR推進協議会ホームページ

「人づくり」「まちづくり」「環境づくり」などのCSR（企業の社会的責任）活動を宇都宮市のまちづくりの重要な仕組みと位置づけ，活動に取り組む企業を，「宇都宮まちづくり貢献企業」として認証し，さまざまな分野での活動を支援・推奨することによって，企業・市民・行政の協同のまちづくりを行っていくことを目的とした制度です．主たる認定のメリットは以下のとおりです．

1. 認証書・マークの付与
2. CSRホームページなどによる認証企業の広報
3. 低利融資制度
4. 入札優遇制度
5. 入札参加資格審査項目に追加　※平成23・24年度分〜

※とくに，3.と5.の明示事項は認定企業にとっては魅力的です．平成28年度までの認定企業は147社です．

CSR自己チェックや，審査内容の難易度も決してハードルは高くない印象ですので，ぜひ地域の企業に多く受審して頂ければと思いま

す．こちらも，認証対象が中小企業に限定されております．

さらにユニークなものが「CSR度自己チェック」です．
ホームページでCSR講座の内容に対応した問題が毎月10題掲載されます．
https://www.csr-utsunomiya.net/support/
［CSRとは？］のコーナーでは横浜型地域貢献企業認定制度創設に尽力された，横浜市立大学CSRセンター長　影山摩子弥教授が執筆しております．

CSR京都

※参照　京都CSR推進協議会ホームページ

京都CSR推進協議会の発足
　京都では中小企業や小規模事業者のCSR（企業の社会的責任）の取り組みを促進・支援することを目的に，京都の経済団体や中間支援組織，行政が協力して，2011年4月にCSR推進協議を発足させました．

　協議会では，CSRを「企業が社会の『信頼』を得る取り組み」と捉えて，自社の取り組みレポートの作成過程を通じて具体的な支援を行っています．協議会のウェブサイトでは，会員企業CSRの取り組みを紹介するとともに，CSRに関するさまざまな情報を提供しています．またセミナーや講演会を実施しています．

会員企業数は30弱ですが，CSR京都は，中小企業や小規模事業者に「社会の信頼を得る経営」を提唱し，本業を軸にした中小規模ならではのCSRの取り組みを支援しています．

ロゴマークと込められた意味

- ● CSRの頭文字「C」をモチーフにしています．
- ●中小企業（小円）がCSRを通じて地域社会（大円）に貢献し，地域へ浸透していくさまを表現しています．
- ●企業が「信頼」を得て大きく成長していくという意味も込められています．
- ●青色は「信頼」を表すカラーです．

取り組むメリットの提唱

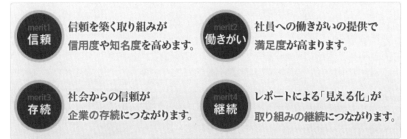

京都CSR協議会では，CSR【Corporate Social Responsibility】の「Responsibility」を「責任」だけでなく，「信頼」とも捉えています．その「信頼」に重点をおいて，CSRに取り組むことで，ステークホルダーを大切に考えていることの証となり，会社の信用度や知名度を上げることにつながることを提唱しています．

そして，ステークホルダーからも信頼を得ることが，会社自体の存続と発展につながっていきます．

6 許認可, 登録の活用法

　さらに，CSRの取り組みを継続しながらレポートにまとめて会員間でウェブサイトなどに「見える化」することにより，京都という地域社会全体の取り組みとして継続，発展を期するという，素晴らしい理念と実践が継続されています．

協議会への参加

　入会形式をとっており，入会説明会への参加後，入会申込書・推薦の双方が必要となっております．入会後もオリエンテーションへの参加や「社会の信頼を築く基本指針」への署名・賛同が必要です．その後もレポートの作成・公開を行い，取り組みの診断と評価を受けられます．

7 巻末資料

7.1 電気工事の範囲見直しと注意点

●電気工事の範囲の見直しについて（資料2）

平成 20 年 7 月 30 日
原子力・安全保安院　電力安全課

1．背景
(1) エアコンの設置工事
　① <u>内外接続電線の設置など標準的なエアコン設置工事については，電気工事士以外の者が行えるように規制を緩和して欲しい</u>との要望がある．
　② また，平成 19 年 4 月には，国会で規制緩和検討の必要性について質疑が行われている．
(2) ハウスメーカーからの規制緩和要望
　○平成 19 年 12 月の「全国規模の規制改革要望」において，ハウスメーカーから電気工事の範囲を見直しして欲しいとの要望[1]があり，「規制改革推進のための 3 か年計画（改定）（平成 20 年 3 月 25 日閣議決定）」において，「<u>電気工事士法及び電気工事業の業務の適正化に関する法律の規制対象となる電気工事の範囲について，安全性を確保しつつ検討を行い，必要があると判断された場合は見直しを図る．</u>」とされている．
　　［1］　具体的な要望内容は，電気機器等への電線の差し込み接続を「軽微な工事」とする，建設業者がアフターサービスで行う電気工事は電気工事業の登録を不要とする　等

2．制度の概要
　電気工事士法は，電気工事の欠陥による災害の発生の防止に寄与す

ることを目的として，電気工作物の設置・変更に係る工事・作業を，保安規制の必要性に応じて以下のＡ～Ｃに分けて規定している．

	作業従事者	主任電気工事士*²の管理	規定の方法
「電気工事」			
Ｃ「電気工事士が行う作業」	電気工事士	必要	省令*¹で限定列挙
Ｂ「軽微な作業」	誰でも	必要	限定列挙以外の作業（Ａ，Ｃ以外）
Ａ「軽微な工事」	誰でも	不要	政令*¹で限定列挙

＊1　政令：電気工事士法施行令
　　　省令：電気工事士法施行規則
＊2　一般用電気工作物の工事の作業の管理の職務を行う者として，電気工事業の業務の適正化に関する法律に基づき，登録電気工事業者に設置が義務付けられているもの．

> Ａ「軽微な工事」：誰が作業を行っても結果的に技術基準を守ることができる工事．
> Ｂ「軽微な作業」：主任電気工事士の管理下であれば誰が作業を行っても技術基準を守ることが可能な作業．
> Ｃ「電気工事士が行う作業」：電気工事士が有する技能・知識がなければ，技術基準抵触等の施工不良が発生する恐れがある作業．

3．見直しの方針
(1)　保安上必要ないにも関わらず電気工事士が行う作業となっている不合理な規制を見直し，以下についてＢ「軽微な作業」とする改正を行う．
　①　樹脂製（金属製以外）の防護装置やボックスの取付（漏電のリスクが小さい）
　②　600 V以下で使用する電気機器への接地線の取付（電線の電気

機器への接続について600Vを超えて使用するものに限りC「電気工事士が行う作業」としていることと安全上差異がない)
(参考) 防護装置

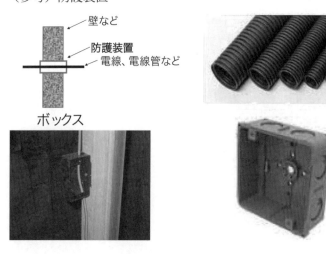

(2) エアコン設置工事に関連する様々な作業が「電気工事」に該当するかに関する行政庁としての整理を解釈として明確化し，事業者の正確な理解を促す．
 (例) ・「電気工事」に該当しないもの：化粧カバーの取付 等
   ・B「軽微な作業」となるもの：内外接続電線を冷媒配管 等とともにテープで巻いたものを壁に固定する作業 等
   ・C「電気工事士が行う作業」となるもの：コンセントの増設・取替，接地極の埋設 等

4．改正の効果
(1) 家庭用エアコンの標準的な設置工事[2]については，全てがB「軽微な作業」に該当することとなり，電気工事業者が登録電気工事業者であれば，主任電気工事士の管理の下で電気工事士以外の者が作業できることが明確になる．このため，エアコン設置需要が増大する夏時期に，現状よりも若干施工業者の選択肢が広がると考え

263

られる.

(2) 他方，コンセントの増設等については，C「電気工事士が行う作業」であることが明らかとなり，資格者による作業を促し，電気保安を高める効果が期待される.

(3) その他，樹脂製のボックスを造営材に取り付ける作業が「軽微な作業」となることから，ハウスメーカー等の依頼を受けた電気工事業者の選択肢が若干広がると考えられる.

　［2］ コンセントの増設・移設・取替や接地極を地面に埋設する作業等が発生しない工事

7.1　電気工事の範囲見直しと注意点

●エアコン設置工事に係る電気工事士法の解釈適用

1．本文書の目的

　本文書は，電気工事士法施行規則の一部を改正する省令（平成 20年経済産業省令第 86 号）の公布に伴い，今回の電気工事士法施行規則（昭和 35 年通商産業省令第 97 号．以下「省令」という）改正の概要を示すとともに，エアコン設置工事が毎年数多く施工されている状況にかんがみ，その標準的工事に係る電気工事士法（昭和 35 年法律第 139 号．以下「法」という）の解釈適用を明確化し，エアコン設置工事に係る電気保安の確保に資することを目的とする．

2．法令（法制度）の概要

(1)　「電気工事」，「軽微な工事」，「軽微な作業」

　法は，「一般用電気工作物又は自家用電気工作物を設置し，又は変更する工事」を「電気工事」と定めている（第 2 条第 3 項）．ただし，法第 2 条第 3 項及び同項の規定に基づく電気工事士法施行令（昭和35 年政令第 260 号．以下「政令」という）第 1 条に規定する「軽微な工事」は，「電気工事」から除外されている．

　「電気工事」の作業には，原則として電気工事士（電気工事士免状，特殊電気工事資格者認定証，認定電気工事従事者認定証の交付を受けている者）本人が直接作業に従事する必要がある．しかし，「電気工事」のうち，保安上支障がないと認められる作業であって，省令で定める「軽微な作業」については，この限りではない．

　本文書において，「軽微な作業」以外の「電気工事」のことを，「電気工事士が行うべき電気工事」という．

　具体的には，省令第 2 条第 1 項第 1 号イからヲ並びに第 2 項第 1 号イ及びロに具体的に掲げている作業が「電気工事士が行うべき電気工事」であり，これらを補助する作業やこれら以外の作業が「軽微な作

業」となる.

(2) 「軽微な作業」についての管理の在り方

「軽微な作業」に該当する場合であっても，これを事業として行う場合には，電気工事業の業務の適正化に関する法律（昭和45年法律第96号．以下「業法」という）第3条第1項に基づく登録を受けるとともに，同法第19条第1項に基づき一般用電気工作物に係る電気工事（以下「一般用電気工事」という）の業務を行う営業所ごとに主任電気工事士を置くことが義務付けられている（同条第2項の規定に該当する場合には主任電気工事士の設置は不要である）．主任電気工事士は，一般用電気工作物に係る電気工事を行う営業所に必ず一人以上置かれ，同法第20条第1項に基づき，一般用電気工事の作業の管理を行う必要がある．その具体例を示せば以下のとおりである．

① 電気工事士でない者が「電気工事士が行うべき電気工事」に従事しないことの監視
② 作業にあたっての技術基準の適合性等の遵守（電気関係法規の遵守）
③ 電気用品安全法第10条第1項の表示（PSEマーク（旧電気用品取締法に基づく表示を含む））が無い電気用品を使用していないことの監視　等

また，主任電気工事士は，電気工事の作業を管理するという立場にあることにかんがみ，電気工事の作業に従事する者の保安水準の向上を図るため，営業所内における定期研修や法令遵守に関する作業従事者への保安教育などを実施していくことが望ましい．このように，主任電気工事士は，電気工事を行う電気工作物の保安の確保を図っていく上で極めて重要な位置づけを担うものであり，登録電気工事業者は，その選任する主任電気工事士に対し，その職務を誠実に行わせる必要がある．

7.1 電気工事の範囲見直しと注意点

3．省令改正の概要

　今般の省令改正は，以下の①〜③により，軽微な作業と電気工事士が直接従事する必要がある作業のそれぞれを再度整理し直すとともに，条文中の用語の明確化を行ったものである．

① 　取り付ける作業が「電気工事士が行うべき電気工事」に該当する場合には，取り外す作業も「電気工事士が行うべき電気工事」に該当することを明確化．

　※政令第1条中の用語と統一を図ったものであり，省令第2条中の取り付ける作業以外の作業（接続する作業や収める作業など）についても，当該作業と反対の作業に電気工事士が従事する必要がある．

　　もちろん，これらの作業が，電路が既に遮断され，以降電気を用いない場合に，遮断された部分についての設備を撤去する作業に該当する場合（建物を取り壊す場合など）には，そもそも「電気工事」に該当しない．ただし，電路を遮断する行為自体としての取り外す作業や，接続を外す作業等は，「電気工事」となる．

② 　金属製以外（例．樹脂製）のボックス，防護装置取り付け，取り外しの作業を，「電気工事士が行うべき電気工事」から「軽微な作業」に変更．

③ 　600V以下で使用する電気機器に接地線を取り付ける作業を，「電気工事士が行うべき電気工事」から「軽微な作業」に変更．

　※使用電圧は，需要設備全体の受電電圧ではなく，個別の電気機器ごとに判断する．つまりビルなど自家用電気工作物とされたものの中に設置されるエアコンであっても，当該エアコン自体の使用電圧が100Vであれば，本作業は「軽微な作業」となる．

4．エアコン設置工事に係る電気工事士法の解釈適用

　標準的なエアコンの設置工事としては，①エアコン室外機の設置，②室内機と室外機をつなぐ内外接続線に関連する作業，③接地線に関

連する作業，④冷媒配管の接続，⑤ドレインホースの接続，⑥室内機の壁への固定，などの作業が想定される.

このうち，①及び④〜⑥については，電気的な接続とは無関係の行為であり，電気工事の欠陥による災害の発生の防止という法の目的からも規制対象とする必要性が低く，「電気工事」には該当しない.

他方，②及び③は「電気工事」に該当することから，今般の省令改正を踏まえた上で，それぞれの作業についての解釈を以下に示す.

4.1. 内外接続電線に係る工事

4.1.1. 内外接続電線を接続端子に差し込む作業（省令第2条第1項第1号ヲ）

「軽微な作業」：600 V 以下で使用するエアコンの室内機及び室外機の接続端子に内外接続電線を差し込む（接続する）作業

「電気工事士が行うべき電気工事」：600 V を超えて使用するエアコンの室内機及び室外機の接続端子に内外接続電線を差し込む（接続する）作業

〈作業上の留意点〉

電線の差し込みが不十分である場合には，差し込み部分が発熱，発火するおそれもあることから，確実な接続が必要である.

4.1.2. 内外接続電線を壁に固定する作業（省令第2条第1項第1号ハ）

「電気工事」ではない作業：電線を保持・保護する機能や目的を持たない化粧カバーを設置する作業

「軽微な作業」：冷媒配管やドレインホースなどとともに内外接続電線を化粧テープ，絶縁ビニルテープを巻き付けて一体化した上で，これを壁などに固定する作業

「電気工事士が行うべき電気工事」：内外接続電線を直接壁などに固

定する作業

4.1.3. 内外接続電線が造営物を貫通する部分に防護装置を取り付ける作業（省令第2条第1項第1号チ）

「軽微な作業」：内外接続電線等が造営材を貫通する部分に，樹脂製（金属製以外）の防護装置を取り付ける作業

「電気工事士が行うべき電気工事」：内外接続電線等が造営材を貫通する部分に，金属製の防護装置を取り付ける作業

4.1.4. 内外接続電線を防護装置の中に通す作業（省令第2条第1項第1号ニ）

「軽微な作業」：作業後の電線の損傷状況が容易に確認できる場合における，防護装置の中に内外接続電線（ドレインホース等と一体化したものを含む）を通す作業

「電気工事士が行うべき電気工事」：壁が厚い等，作業後の電線の損傷状況が容易に確認できない場合における，防護装置の中に内外接続電線（ドレインホース等と一体化したものを含む）を通す作業

4.2. 接地線に係る工事（アース工事）（省令第2条第1項第1号ル，第2項第1号ロ）

「電気工事」ではない作業：エアコンの電源プラグをコンセントに差し込む作業，接地極付コンセント（穴が3つあるコンセント）に3本足のプラグを差し込む作業

※接地極付コンセントは比較的安全であり，省令第2条で規定する接地極に該当しないため．

「軽微な作業」：600 V以下で使用するエアコンに接地線を接続する作業，接地線を接地端子（アースターミナル）に接続する作業

※接地端子は比較的安全であり，省令第2条で規定する接地極に該当しないため．

「電気工事士が行うべき電気工事」：600 V を超えて使用するエアコンに接地線を接続する作業，接地線相互を接続（継ぎ足し）する作業，接地線を接地極に接続する作業，接地極を地面に埋設する作業

5．エアコン設置工事に付随して行われる可能性のある工事に関する解釈適用

　標準的なエアコン設置工事に付随して，様々な工事が行われる可能性がある．

　このうち，以下の作業などは「電気工事士が行うべき電気工事」に該当し，電気工事士本人が従事する必要がある．これらの作業を電気工事士以外の者が行った場合，災害の防止上支障が生じるおそれもあるため，電気工事士以外の者がこれらの作業を行わないよう，作業者本人が自覚するとともに，主任電気工事士が厳格に管理することが必要である．

　なお，これらの作業を電気工事士以外の者が行った場合には，①作業者本人に対して3月以下の懲役又は3万円以下の罰金（法第3条第1項から第3項違反に対する法第14条に規定する罰則），②登録電気工事業者に対して，登録の取消し，6月以内の事業停止命令（業法第21条第1項から第3項違反に対する業法第28条第1項に基づく行政処分），などが適用される場合がある．

「電気工事士が行うべき電気工事」
・コンセントの増設，移設，取替（省令第2条第1項第1号ホ）
・内外接続電線相互の接続（省令第2条第1項第1号イ）

7.1　電気工事の範囲見直しと注意点

●電気工事士法におけるエアコン設置工事の取扱いについて（Q&A）

平成 20 年 12 月

　電気工事士法施行規則の改正を 12 月 3 日に公布したこと及び「エアコン設置工事に係る電気工事士法の解釈適用」（内規）を制定したことに伴い，エアコン設置に係る電気工事についての解釈についてQ&A を作成しましたので保安確保のご参考にしていただければ幸いです．

　エアコン設置工事に際する作業の資格については以下目安を参照ください．

　電気工事士が行う作業であって，業として行う場合には登録が必要なもの＝ A

　電気工事士が行う必要はないが，業として行う場合には登録が必要なもの＝ B

　電気工事には該当しないもの＝ C

○エアコン室内機の壁への固定　C

○内外接続電線を室外機及び室内機の接続端子に差し込み接続する作業

　・600 V を超える電圧で使用するエアコン　A

　・600 V 以下で使用するエアコン　B

○内外接続電線を壁に固定する作業

　・内外接続電線を直接壁に固定する場合　A

　・内外接続電線が冷媒配管などとともにテープで巻かれたものを壁に固定する場合　B

　・電線を保持・保護する機能や目的を持たない化粧カバーを設置する作業　C

○内外接続電線が造営物を貫通する部分に防護装置を取り付ける作業

　・金属製のもの　A

7 巻末資料

- ・それ以外のもの　B
- ○内外接続電線を防護装置の中に通す作業
  - ・壁に厚さがなく作業後の電線の状態が容易に確認できるもの　B
  - ・電線の状態が容易に確認できないもの　A
- ○接地（アース）工事
  - ・接地線相互を接続する作業　A
  - ・接地極を埋設する作業　A
  - ・接地線と接地極を接続する作業　A
  - ・接地線を接地端子（アースターミナル）に差し込み接続する作業　B
  - ・接地線をエアコンにねじ止めする作業　C
  - ・接地極付コンセントにプラグを差し込む作業　C
- ○関連工事
  - ・コンセントの移設・増設　A
  - ・内外接続電線相互の接続　A
  - ・室内配線の新設　A
  - ・電圧の切り替えを目的とした工事　A

　なお，エアコン設置に際し，延長コードを用い電源を取るケースが見受けられますが，延長コードの過熱トラブルや場合によって発火事故も報告されており，延長コードを用いてのエアコン電源確保はおやめください．

Q1. エアコンの設置工事は電気工事士が行わなければならないのか．
A. 標準的なエアコン設置工事については例外を除き電気工事士の資格は必要ありません．ただし，業として設置工事をするときには電気工事業の登録が必要（家庭用電気機械器具の販売に附随して行う工事を除く）となりますのでご注意ください．

Q2. 標準的なエアコン設置工事とはどのようなものか．

7.1 電気工事の範囲見直しと注意点

A．コンセントを新設・移設・取替しないでよいものであって，室内機と室外機をつなぐ内外接続電線を室内機や室外機に取り付ける作業や，室内機や室外機に冷媒配管・ドレインホースを接続する作業，アースターミナルへの接地線の接続及び室内機の壁への固定を想定しています．

Q3. 標準的なエアコン工事の例外とはどういったケースか．

A．600 V を超えて使用するエアコン工事，内外接続電線を直接壁などに固定する作業，接地線を接地極に接続する作業，接地線を延長する作業，接地極を地面に埋設する作業，コンセントの新設・移設・取替作業及び電源供給のための作業等となります．これら工事については電気工事士法第 3 条第 2 項に基づき電気工事士が行わねばなりません．なお，ご不明な点は原子力安全・保安院電力安全課もしくは最寄りの産業保安監督部電力安全課まで連絡ください．

Q4. 温水給湯器の設置に際し，内外接続線工事や接地線工事といったエアコン設置工事と似た工事を行うこととなるが，温水給湯器についてもエアコン設置と同様の解釈で電気工事士の作業か否かの判断を行ってもよいか．

A．電気工事士が行わなければならないものは商品で選別しているのではなく，作業で選別しています．

Q5. 引っ越し等におけるエアコンの取り外し作業は，電気工事士が行う必要があるか．

A．取り外す作業は，電気工事士が行う必要はありません．ただし，業として撤去工事をするときには電気工事業の登録が必要となりますのでご注意ください．また，撤去に伴ってコンセントの工事など電気工事士が行う必要がある作業が発生する場合は当然のことながら電気工事士の資格が必要となります．

7 巻末資料

●太陽熱利用システムの電気工事の注意点（経産省）

第4章　電気工事

4.1.　一般的注意事項

4.1.1.　電気工事と関連法規

　太陽熱利用システムの電気工事を行う場合は，一般の電気工作物と同様に，保安を確保するための施工上の注意を行う必要がある．このために，電気設備技術基準，各電力会社の内線規定などの法令及び技術基準に従い，電気工事士が工事を行う必要がある．また，使用する機材について電気用品安全法に規定されるものは，これに従う必要がある．

　以下，保安を確保するための重要な項目について記述する．

4.1.2.　絶縁

　太陽熱利用システムに用いられる電気回路は，回転機の電路，制御回路の接地点などを除き，大地から絶縁されねばならない．その場合の絶縁抵抗値は，表4.1.1に示す値以上でなければならない．ただし，新設時の絶縁抵抗値は，1MΩ以上とする．また，30Vを超える回路に使用する電気機械器具の充電部との非充電金属部との絶縁耐圧は，表4.1.2に掲げる試験電圧に1分間以上耐える必要がある．

表4.1.1　低圧電路の絶縁抵抗値

電路の使用電圧区分		絶縁抵抗値（MΩ）
300V以下	対地電圧　150V以下	0.1
	対地電圧　150V超過	0.2
300V超過		0.4

7.1 電気工事の範囲見直しと注意点

表 4.1.2 耐電圧

電圧	試験電圧
30 V を超え 150 V 以下	1 000 V
150 V を超えるもの	1 500 V

出所)「ソーラーシステム施工指導書〔平成 21 年改訂〕」㈳ソーラーシステム振
興協会編

4.1.3. 接地

太陽熱利用システムに用いられる電気機械器具は，表 4.1.3 の区分
に従って接地工事を行わなくてはならない．接地工事の種類とその接
地抵抗値は表 4.1.4 に示すとおりである．

表 4.1.3 機械器具の区分による接地工事の適用

機械器具の区分	設置工事
300 V 以下の低圧用のもの	D 種接地工事
300 V を超える低圧用のもの	C 種接地工事

出所)「ソーラーシステム施工指導書〔平成 21 年改訂〕」㈳ソーラーシステム振
興協会編

表 4.1.4 接地工事の種類とその接地抵抗値

設置工事の種類	設置抵抗値
D 種接地工事	100 Ω（低圧電路において当該電路に電流動作形で定格感度電流 100 mA 以下，動作時間 0.2 秒以下の漏電遮断器を施設するときは 500 Ω）以下
C 種接地工事	10 Ω（低圧電路において当該電路に電流動作形で定格感度電流 100 mA 以下，動作時間 0.2 秒以下の漏電遮断器を施設するときは 500 Ω）以下

出所)「ソーラーシステム施工指導書〔平成 21 年改訂〕」㈳ソーラーシステム振
興協会編

4.1.4. 過電流遮断器

電線及び機械器具を保護するため，引込口，幹線の電源側，分岐点など電路中必要な箇所には，過電流遮断器を設置しなければならない．

4.1.5. 漏電遮断器

漏電による感電事故を防ぐため，水気のある場所などに施設する電路には，漏電遮断器を設けなければならない．施設対象としては表4.1.5に示すとおりである．

表4.1.5　漏電遮断器の施設例

機械器具の設置場所／電路の対地電圧	屋内		屋側		屋外	水気のある場所
	乾燥した場所	湿気の多い場所	雨線内	雨線外		
150 V 以下	−	−	−	□	□	○
150 V を超え 300 V 以下	△	○	−	○	○	○

［備考］
○：漏電遮断器を施設すること
△：住宅に機械器具を施設する場合には，漏電遮断器を施設すること
□：住宅構内又は道路に面した場所に，ルームエアコンディショナ，ショーケース，アイスボックス，自動販売機など電動機を部品とする機械器具を施設する場合には，漏電遮断器を施設することが望ましい．
出所）「ソーラーシステム施工指導書〔平成21年改訂〕」㈳ソーラーシステム振興協会編

4.2. 配線

太陽熱利用システムの電気配線としては，いわゆる低圧電圧であるが，電気方式としては，

① 電力会社より低圧供給される場合

● 100 V 単相2線式

7.1 電気工事の範囲見直しと注意点

- ● 200 V 単相 2 線式
- ● 100/200 V 単相 3 線式
- ● 200 V 三相 3 線式
② 自家用変電設備の 2 次側より供給される場合
- ● 100/200 V 単相 3 線式
- ● 200 V 三相 3 線式
- ● 240/415（265/460）V 三相 4 線式

があり，電源及び負荷の種類と容量によって決定される．配線の選定にあたっては，電圧降下の許容範囲及び許容電流を検討の上，決定されなければならない．また配線方法としては，施設場所に適した方法を選定する必要がある．

4.2.1. 電圧降下

低圧屋内配線の電圧降下は，内線規定では，幹線及び分岐回路においてそれぞれの標準電圧の 2%以下と規定している．ただし，そこに専用変圧器がある場合は幹線の電圧降下を 3%以下としてもよい．また電線のこう長が特に長いときには内線規定により緩和してもよい．

4.2.2. 許容電流

電線内の電力損失は，電流の二乗に比例し，熱となって電線の温度を上昇させる．その値がある程度以上を超えると，絶縁電線では絶縁物の劣化を促進して寿命が短くなる．従って，電線の太さ・絶縁物の種類・使用状態によって，流してもよい電流の限度（許容電流）がある（表 4.2.1 参照）．低圧屋内配線に使用される，600 V ビニル絶縁電線，600 V ポリエチレン絶縁電線，600 V ゴム絶縁電線，及び 600 V ふっ素樹脂絶縁電線の許容電流は，電気設備技術基準に規定され，絶縁物の種類に応じた許容電流補正係数を乗じて算出する．また，電線を合成樹脂線ぴ・合成樹脂管・金属線ぴ・金属管，または可とう電線管に納めて使用する場合は，更に電流減少係数を乗じた値とする．

7 巻末資料

表4.2.1 絶縁電線の許容電流

導体		許容電流（A）	
より線 （公称断面積 m²）	単線（mm）	導体が 銅のもの	導体が アルミのもの
	1.0	16	
	1.2	19	
	1.6	27	
	2.0	35	27
	2.6	48	37
	3.2	62	48
	4.0	81	63
	5.0	107	83
0.9		17	
1.25		19	
2		27	
3.5		37	29
5.5		49	38
8		61	48
14		88	69
22		115	90
30		139	108
38		162	126
50		190	148
60		217	169
80		257	200
100		298	232
125		344	268
150		395	308
200		469	366
250		556	434
325		650	507
400		745	581
500		842	657

電気設備技術基準告示第29条
出所）「ソーラーシステム施工指導書〔平成21年改訂〕」㈳ソーラーシステム振
興協会編

7.1 電気工事の範囲見直しと注意点

●電気工事に伴うガス供給設備の取扱いに関して
【電気工事業関係者の皆様，ご注意ください！】

愛媛県消防防災安全課

> オール電化等の電気工事をする際，ガス供給設備（都市ガス及びLPガス）を撤去，変更する場合には，必ずガス供給事業者へ連絡し，対応してもらって下さい．消費者から依頼された場合であっても，決して無断で撤去等しないでください．
>
> 無断で撤去，変更した場合には，法律違反になる可能性があります．

1．ガス事業法関係（都市ガス）

「ガス事業法」では，ガス供給事業者の承認を得ずにガス工作物の施設を撤去，変更する行為は，保安上の理由から制限されており，違反した場合，罰則規定が適用されることになります．

消費者から依頼された場合であっても，ガス事業者の承諾を得ないで，ガス設備の撤去，変更を行なうことはできません．消費者の安全のためにも，電化工事などでガス設備の撤去，変更が必要となった場合は，必ずガス事業者まで連絡を頂きますようお願いします．

2．液化石油ガス法関係（LPガス）

「液化石油ガスの保安の確保及び取引の適正化に関する法律（液化石油ガス法）」では，消費者からのガス供給解除の申入れがあった場合は，LPガスの供給者は，自ら所有する供給設備を遅延なく撤去する義務が課されているところであり，かつ，第三者が撤去する場合は，消費者からの依頼であっても，液化石油ガス設備士でなければガス供給設備の取り外しができないことになっています．

また，充てん容器を取り外す場合は，自ら設置した充てん容器でな

い時は，その充てん容器を設置した販売事業者へ事前に連絡し，引き
取ってもらわなければなりません．

【お問合せ先】
1. ガス事業法関係
   中国四国産業保安監督部四国支部　保安課
   087-811-8589～8590
2. 液化石油ガス法関係
   住所地を管轄する県の各地方局へ
   ○東予地方局　総務企画部　防災対策室
     Tel：0897-56-1300（内 212）
   ○中予地方局　総務企画部　防災対策室
     Tel：089-941-1111（内 307）
   ○南予地方局　総務企画部　防災対策室
     Tel：0895-22-5211（内 206）

7.2 小出力発電設備の定義，規制，安全性の考え方

1．小出力発電設備の定義

以下の要件を満たす設備を小出力発電設備とし，一般用電気工作物に区分

① 太陽光発電設備であって，出力 50 kW 未満のもの．

② 風力発電設備であって，出力 20 kW 未満のもの．

③ 水力発電設備であって出力 20 kW 未満のもの（ダムを伴うものを除く）．

④ 内燃力を原動力とする火力発電設備であって出力 10 kW 未満のもの．

※ただし，同一の構内に設置する上記の設備が電気的に接続されそれら設備の出力の合計が 50 kW 以上となるものを除く．

```
                 ┌─ 事業用電気工作物
                 │       一般用電気工作物以外の電気工作物
                 │       (例)電力会社，工場等の発電所，変電所，送電線路，
                 │           配電線路，需要設備
                 │    ┌─ 自家用電気工作物
電気工作物 ───────┤    │   事業用電気工作物のうち，電気事業の用に供する
                 │    │   電気工作物以外のもの
                 │    │   (例)発電所，変電所，送配電線路，工場・ビルな
                 │    │       どの 600 V を超えて受電する需要設備
                 └─ 一般用電気工作物
                         600 V 以下で受電，又は一定の出力未満の小出力発
                         電設備で受電線路以外の線路で接続されていないな
                         ど安全性の高い電気工作物
                         (例)一般家庭，商店，コンビニ，小規模事務所等の
                             屋内配線
                             一般家庭用太陽光発電など
```

2．小出力発電設備に係る規制

	事業用 電気工作物	一般用電気工作物	
		小出力発電設備	受電設備
保安規程	○	×	×
主任技術者	○	×	×
工事計画	○（一部）	×	×
使用前自主検査	○（一部）	×	×
溶接自主検査	○（一部）	×	×
定期自主検査	○（一部）	×	×
技術基準適合維持	○	×	×
技術基準適合命令	○	○	○
電力会社の調査	○	×	○

3．小出力発電設備に係る安全性の考え方

　小出力発電設備を位置付けるに当たっては，以下の要件を満たすものについて，導入実績等を踏まえ総合的に判断．

・燃料，可燃物を使用しないもの → （火災事故が発生しないもの）

・回転機等駆動部分を有しないもの → （機械的に安全なもの）

・異常運転時の安全性にすぐれているもの → （非常停止装置等が技術基準で定められているもの）

7.2 小出力発電設備の定義，規制，安全性の考え方

小出力 発電設備の種類	燃料・ 可燃物を 使用しない	駆動部分を 有しない	異常運転時 に安全停止	運転実績が 十分ある
太陽光発電	○	○	―	○
風力発電	○	×	○	○
水力発電	○	×	×（※）	○
内燃力発電	×	×	○	○

（今後導入が期待されるもの）

小型ガスタービン	×	×	○	×
燃料電池 （固体高分子型）	×	○	○	×

○：該当する　　×：該当しない

7.3 みなし登録電気工事業の注意事項

●電気工事業者の皆さん，ご注意ください！
【手続きと法令の規定に関する注意事項】

愛媛県消防防災安全課

■電気工事業開始の届出

建設業許可を受けた後，電気工事業を開始した場合は，遅滞なく，所管の行政庁へ「電気工事業開始届出書」に必要書類を添えて提出する必要があります（このような事業者を「みなし登録電気工事業者」といいます）.

建設業許可を受けたからといって電気工事業が行えるというものではなく，電気工事業法に基づく一定の要件（主任電気工事士の設置や一定の器具類の備付け等）を満たす必要があります.

■届出内容に変更があった場合

既に届け出ている内容に変更があった場合には，遅滞なく，所管の行政庁へ「電気工事業に係る変更届出書」に必要書類を添えて提出する必要があります．変更内容には，代表者の氏名及び住所，事業所の名称及び所在地，営業所の名称及び所在地（設置・廃止含む），主任電気工事士（免状に係る事項含む）の異動はもちろんのこと，建設業許可の更新による許可年月日や許可番号の異動も，変更届が必要となるのでご注意ください.

■建設業の許可が失効した場合

この場合，「みなし登録電気工事業者」ではなくなるので，電気工事業を行うためには，改めて電気工事業の登録手続きを行う必要があります．まずはご連絡ください.

7.3 みなし登録電気工事業の注意事項

　実際の手続きは県地方局防災対策室で行います．詳細な手続き，必要書類等につきましてもご相談ください．

【お問合せ先】

県　消防防災安全課　Tel：089-912-2320

県　地方局

　○東予地方局　総務企画部　防災対策室
　　Tel：0897-56-1300（内212）

　○中予地方局　総務企画部　防災対策室
　　Tel：089-941-1111（内307）

　○南予地方局　総務企画部　防災対策室
　　Tel：0895-22-5211（内206）

※営業所（事業所含む）が複数あり県域を越える場合の行政庁は国になりますので，中国四国産業保安監督部四国支部電力安全課（Tel：087-811-8586）等へご相談ください．

●索　引●

イ

一般競争入札参加方式 ············ 238
一般建設業 ························· 30
一般用電気工作物 ················· 15

カ

株式会社 ·························· 58
火力発電 ··························· 3

ケ

経営規模等評価結果通知書 ······· 233
経営業務の管理責任者 ············ 99
経営事項審査 ····················· 225
経営状況分析結果通知書 ········· 232
建設業許可決算変更届 ············ 214

コ

公共工事の入札及び契約の
　適正化の促進に関する法律 ···· 236
合資会社 ·························· 60
公証人 ···························· 65
公証役場 ·························· 65
合同会社 ·························· 59
合名会社 ·························· 60
国土交通大臣許可 ················· 98

シ

自家用電気工作物 ················· 15

事業用電気工作物 ················· 15
指名参加競争入札参加方式 ······· 238
主任電気工事士 ··················· 19
小出力発電設備 ···················· 6
消費電力 ··························· 1
消費電力量 ························· 2

ス

随意契約 ·························· 238
ステークホルダー ················· 248

セ

専任技術者 ························· 30

ソ

総合評定値通知書 ················· 233
送電 ······························· 5

タ

第一種電気工事士 ············· 11, 16
第一種電気工事士試験 ············ 24
第二種電気工事士 ············· 11, 16
第二種電気工事士試験 ············ 24

チ

地域志向 CSR ····················· 250

ツ

通知電気工事業者 ……………… 12, 44

テ

電気工作物 ………………… 5, 15
電気工事 …………………… 1, 7
電気工事業 ………………… 10
電気工事業法 ……………… 18
電気工事士法 ……………… 14
電気工事施工管理技士 ………… 27
電気事業法 ………………… 13
電気主任技術者 …………… 28
電気用品安全法 …………… 22
電力 ……………………… 1
電力量 …………………… 1

ト

登記されていないことの証明書
……………………… 125
登録電気工事業者 ……… 12, 43, 44
特種電気工事資格者 …………… 11
特定建設業 ………………… 30
都道府県知事許可 …………… 97

ニ

認定電気工事従事者 …………… 11

ハ

配電 ……………………… 5
発電 ……………………… 2

ミ

みなし通知電気工事業者 …… 12, 44
みなし登録電気工事業者 …… 12, 44
身分証明書 ………………… 126

C

CSR ……………………… 248

●あとがき●

　経済産業省の調査によると，東京オリンピックが開催される 2020 年頃の電気保安に関わる人材の需給状況の予測では，第一種電気工事士が必要数の約 4 万人，第二種電気工事士が約 1 万人不足するおそれがあるとの調査結果が出たようである．

　つまりは，電気保安分野での高齢者の退職が増加しつつも，新たな入職者が思うように望めないことが一大要因である．

　これらは，電気保安分野に限らず，現在のわが国ではなかなか若年層が基幹産業である建設業をはじめ現場仕事に関心を抱かず，このままでは我が国が誇る優れた技術の伝承が損なわれるのではないか？
との危機感に業界は溢れている．

　そこで，行政側では例えば電気工事士の 2％の比率しかない女性の電気工事士を増やしたり，外国人労働者確保のための国家間の相互認証による各国の試験制度や技術レベルでの調査を進めてゆく傾向である．しかし，日ごろ建設業や製造業の経営者と情報交換をさせて頂き，その現状を目の当たりにしている私の立場からすれば，もっと早く業界で労働環境を改善するなり，やるべきことがあったのではないかと大切な顧客様の現状を想うにつれ，悔やむ気持ちを押さえられない．
なぜなら，「目の前に多くの仕事＝現場があるのに，現場代理人が確保できないから，仕事が取れずに逃げてしまう」悪循環があるからである．

　それだからこそ，この本を手にした電気工事士あるいは電気工事士を目指す皆様にとっては，それだけ活躍できる限りのない舞台，明るい明日が常に開かれているのである．自信を持ってほしい．

　熱い志と，ひたむきな努力があれば，いずれは電気保安業界の成功者として，この世の中を燦然と美しく照らして欲しいと思わずにはいられない．

　　　　　　　　　　　　平成 30 年 5 月　著者　小竹　一臣

―― 著 者 略 歴 ――

小竹 一臣（こたけ かずおみ）

横浜市出身
2002年 いそご法務小竹行政書士事務所 創業
建設業関係の許認可，公共工事受注コンサルティングを得意とする．
個人事業主から東証一部上場企業までを幅広くカバーしている．また，地域での異業
種交流会の事務局を主宰し，2018年6月までに151回の開催実績を誇る．
その特殊な経営手法から，取材や講義の依頼が増加している．横浜型地域貢献最上位
認定10年企業表彰（2009年より10年連続）を受けた．

©Kazuomi Kotake 2018

電気工事士のための起業成功への道

2018年 7月 6日 第1版第1刷発行

著 者	小	竹	一	臣

発行者 田 中 久 喜

発 行 所
株式会社 電 気 書 院
ホームページ www.denkishoin.co.jp
（振替口座 00190-5-18837）
〒101-0051 東京都千代田区神田神保町1-3ミヤタビル2F
電話(03)5259-9160／FAX(03)5259-9162

印刷 日経印刷株式会社
カバー・表紙写真 太田謙司
Printed in Japan／ISBN978-4-485-21461-9

- 落丁・乱丁の際は，送料弊社負担にてお取り替えいたします．
- 正誤のお問合せにつきましては，書名・版刷を明記の上，編集部宛に郵送・
  FAX（03-5259-9162）いただくか，当社ホームページの「お問い合わせ」をご利
  用ください．電話での質問はお受けできません．

JCOPY 〈(社)出版者著作権管理機構 委託出版物〉

本書の無断複写（電子化含む）は著作権法上での例外を除き禁じられていま
す．複写される場合は，そのつど事前に，(社)出版者著作権管理機構（電話：03-
3513-6969，FAX：03-3513-6979，e-mail：info@jcopy.or.jp）の許諾を得てください．
また本書を代行業者等の第三者に依頼してスキャンやデジタル化すること
は，たとえ個人や家庭内での利用であっても一切認められません．